电工技术基础

DIAN GONG JI SHU JI CHU

主编 覃盛庆   副主编 黄善坚

经济管理出版社

ECONOMY & MANAGEMENT PUBLISHING HOUSE

图书在版编目（CIP）数据

电工技术基础/覃盛庆主编. —北京：经济管理出版社，2017.11
ISBN 978-7-5096-5498-9

Ⅰ.①电…　Ⅱ.①覃…　Ⅲ.①电工技术-中等专业学校-教材　Ⅳ.①TM

中国版本图书馆 CIP 数据核字（2017）第 279762 号

组稿编辑：魏晨红
责任编辑：杨国强　张瑞军
责任印制：黄章平
责任校对：王纪慧

出版发行：经济管理出版社
　　　　　（北京市海淀区北蜂窝 8 号中雅大厦 A 座 11 层　100038）
网　　址：www. E-mp. com. cn
电　　话：(010) 51915602
印　　刷：北京市海淀区唐家岭福利印刷厂
经　　销：新华书店
开　　本：787mm×1092mm /16
印　　张：20.5
字　　数：397 千字
版　　次：2017 年 11 月第 1 版　　2017 年 11 月第 1 次印刷
书　　号：ISBN 978-7-5096-5498-9
定　　价：38.00 元

编委会

前　言

为更好地适应我校电子专业的教学要求，我们结合我校办学特色，参照行业职业技能鉴定规范和中级技术工人等级标准编写了本教材。

本书重点强调学生自主学习和创新能力、实践能力的培养，在编写过程中力求体现内容上"知识够用，技能实用"、结构上"理实一体化"的思想，突出"做中学、做中教、教学做合一"的职业教育特色。

本书具有以下特色：

（1）坚持以能力为本位，重视实践能力培养。根据机电类专业毕业生所从事职业岗位的需要，合理确定学生应具备的能力结构和知识结构，简化专业知识的理论分析和公式推导，突出够用、实用。

（2）教材编写模式方面，编写体例新颖，充分体现项目教学、任务引领、理实一体的课程设计思想。版式形式活泼，配有丰富生动的实物图片，接近书本知识与生产、生活的实际距离，以激发学生的学习兴趣，引导其积极主动思考。

（3）我们还注意教辅资源的开发，配套了多媒体教学资源，方便专业老师教学。

本书由平南县中等职业技术学校覃盛庆任主编，黄善坚任副主编。本书在编写过程中，得到了当地机电类教育专家、校企合作企业有关专家的指导和帮助，在此致以诚挚的谢意！

由于编者水平有限，加上时间仓促，书中错误在所难免，恳请读者批评指正！

编　者

2017.8

目　录

项目一

安全用电

任务一　电工与电力输送

【任务导入】

　　电力是现代工业的主要动力，在各行各业中都得到了广泛的应用，电力与人类生活越来越密不可分。那么人们日常生活中使用的电是如何产生的呢？产生的电能又是怎样从发电厂输送到用户的呢？就让我们来一起探讨学习吧！

图 1-1-1

【学习目标】

知识目标：

（1）了解电能的产生、发展及传输；

（2）了解常用电源的种类及用电设备的供电要求；

（3）了解电力系统、工业与民用供电系统的组成和分配原则。

技能目标：

（1）能说出从发电厂到用户的输电过程；

（2）能正确说出配电室的基本结构组成。

素质目标：

（1）培养学生做事认真、仔细，注重细节的习惯；

（2）培养学生爱护公物和实训设备，摆放东西规范有序的习惯；

（3）培养学生符合职业岗位要求的素养和团结协作精神。

【知识链接】

一、电力的产生

（一）电能的特点

自然界的能源可分为一次能源和二次能源两类：一次能源是指自然界中现成存在的可直接利用的能源，如煤、风、水等能源；二次能源是指由一次能源加工转换而成的能源，包括电能和燃油等。

与其他形式的能源比较，电能具有以下几个方面的特点：

（1）便于转换。

（2）便于输送。

（3）便于控制和测量。

（4）电能的生产、输送和使用比较经济、高效、清洁、污染少，有利于节能和保护环境。

（二）电力的生产

目前电力的生产主要是以下三种方式：

1. **火力发电**

火力发电是通过煤、石油和天然气等燃料燃烧而加热水，产生高温高压的蒸汽，再用蒸汽推动汽轮机旋转并带动三相交流同步发电机发电。

2. 水力发电

水力发电是利用水的落差和流量推动水轮机旋转并带动发电机发电。

3. 原子能发电

原子能发电是利用原子核裂变时释放出来的巨大能量加热水，产生高温高压的蒸汽推动汽轮机从而带动发电机发电。

此外，还有风力发电、太阳能发电、地热发电和潮汐发电等。

电能与其他能量的相互转换关系如图 1-1-2 所示。

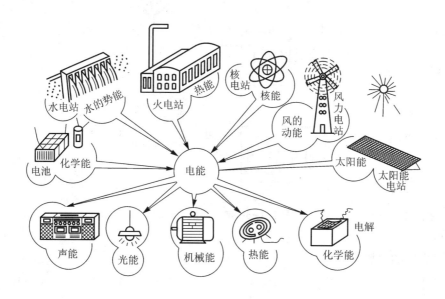

图 1-1-2　电能与其他能量的相互转换关系示意图

二、电力的输送和分配

（一）电力系统与电力网

为了供电的安全连续可靠和经济，将各类发电厂的发电机、变电所、输电线、配电设备和用电设备联系起来组成一个整体，这个整体称为电力系统，如图 1-1-3 所示。

电力系统中各级电压的电力线路及其联系的变电所，称为电力网或电网。但习惯上，电网或系统往往以电压等级区分，如 10kV 电网或 10kV 系统。

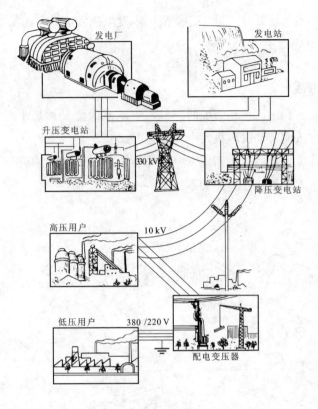

图 1-1-3   电力系统示意图

电力网的电压等级:

高压:1kV 及以上的电压称为高压。有 1kV、3kV、6kV、10kV、35kV、110kV、220kV、330kV、500kV 等。

低压:1kV 以下的电压称为低压。有 220V、380V。

安全电压:36V 以下的电压称为安全电压。我国规定安全电压等级:12V、24V、36V 等。

我国国家标准规定的电力网额定电压有 35 kV、110 kV、220 kV、330 kV、500 kV。

（二）输电

输电是将电能输送到用电地区或直接输送到大型用电户,输电网是由 35kV 及以上的输电线路与其相连接的变电所组成,它是电力系统的主要网络。输电是联系发电厂和用户的中间环节。由于发电厂往往建立在离用电中心很远的地方,因此,必须进行远距离输电,如图 1-1-4 所示。

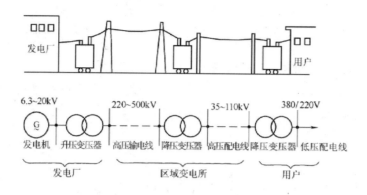

图 1-1-4　从发电厂到用户的输电过程示意图

（三）配电

　　配电由 10kV 及以下的配电线路和配电（降压）变压器所组成。它的作用是将电能降为 380/220V 低压再分配到各个用户的用电设备。

　　从输电角度讲，电压越高，输送的距离越远，传输的容量就越大，电能的消耗也越小。但从用电角度讲，为了人身安全和降低用电设备的制造成本，则希望电压低些为好。市区一般输电电压为 10kV 左右，通常需要设置降压变电所，经配电变压器将电压降为 380/220V，再引出若干条供电线到各用电点的配电箱上，配电箱将电能分配给各用电设备。

　　为此，大中型发电厂发出的电都要经过升压，然后由输电线送到用电区，再进行降压并分配给用户。即采用高压输电，低压配电的方式。对于低压供电的用户，则不用变压，只需设置仅有变电和配电设备的配电所就行了，系统如图 1-1-5 所示。

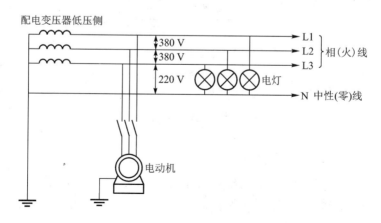

图 1-1-5　低压变配电系统示意图

（四）工业与民用供电系统

1. 小型工业与民用建筑设施的供电

小型工业与民用建筑设施的供电，一般只需设立一个简单的降压变电所，供电系统如图1-1-6所示。

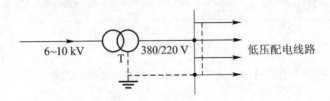

图1-1-6　小型工业与民用建筑设施的供电系统示意图

2. 中型工业与民用建筑设施的供电

中型工业与民用建筑设施的供电，一般电源进线为 6 ~10 kV，经高压配电所，再由 6 ~10kV 配电线路将电能输送到各建筑物的变电所，降为380/220 V 低压，供给用电设备，如图1-1-7所示。

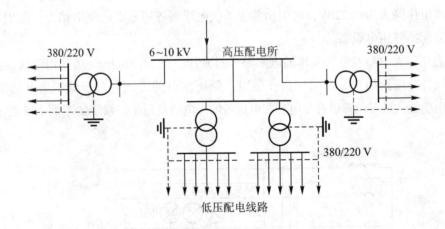

图1-1-7　中型工业与民用建筑设施的供电系统示意图

3. 大型工业与民用建筑设施的供电

大型工业与民用建筑设施的供电，电源进线一般为 35 kV 或以上，第一次降压为 6 ~10 kV，然后用配电线路送到各用电点的变电所，再降为 380/220 V 电压，也有 35 kV 直接降为低压的，如图1-1-8所示。

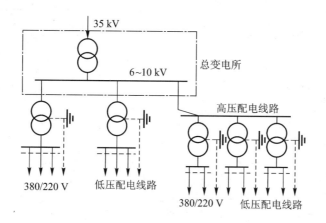

图 1-1-8 大型工业与民用建筑设施的供电系统示意图

【技能训练】

参观变电所配电系统

（1）请根据参观变电所配电系统，画出配电室基本构造示意图。

（2）说一说我们日常生活用电是如何从发电厂输送到用户的。用简图说明。

【任务小结】

本任务中，我们学习了电能的产生、传输过程知识，了解电力系统、工业与民用供电系统的组成和分配原则；通过技能训练，我们认识到配电室的基本构造，知道如何将变电站的电压经过处理变为我们日常生活所用的电。

【任务评价】

根据你对本任务的学习和表现情况，填写以下评价表。

表 1-1-1 任务评价表

任务名称				
任务时间			组 号	
小组成员				
检查内容				

咨询

（1）明确任务学习目标	是 □ 否 □
（2）查阅相关学习资料	是 □ 否 □

计划

（1）分配工作小组	是 □ 否 □
（2）自学安全操作规程	是 □ 否 □
（3）小组讨论安全、环保、成本等因素，制订学习计划	是 □ 否 □
（4）教师是否已对计划进行指导	是 □ 否 □

实施

准备工作	具备电能产生、传输相关知识	是 □ 否 □
技能训练	（1）能正确说出配电室的基本结构	是 □ 否 □
	（2）能正确说出从发电厂到用户的输电过程	是 □ 否 □

安全操作与环保

（1）工装整洁	是 □ 否 □
（2）遵守劳动纪律，注意培养一丝不苟的敬业精神	是 □ 否 □
（3）注意安全用电，做好电气设备的保养措施	是 □ 否 □
（4）严格遵守本专业操作规程，符合安全文明生产要求	是 □ 否 □

你在本次任务中有什么收获？

变电所有哪些安全操作规程？变电所的作用是什么？

组长签名：　　　　　　　　　日期：

教师审核：

教师签名：　　　　　　　　　日期：

【思考与练习】

（1）电能的产生方式有哪些？你能画出电力系统的组成示意图吗？

（2）你能说一说我们日常生活中用到的电是如何从发电厂传输过来的吗？

任务二　触电伤害与防护

【任务导入】

电能的广泛应用有力地推动了人类社会的发展，为人类创造了巨大财富，改善了人们的生活。但如果"电"使用不合理、安装不恰当、维修不及时或违反操作规程，都会造成电气意外，带来不良的后果，严重的还将导致触电死亡和电气火灾。一定要绷紧"安全用电"这根弦，让"电老虎"乖乖地听指挥，更好地为人民服务。那么，如何让"电老虎"听话呢？安全用电有哪些基本常识呢？一起来学一学吧！

【学习目标】

知识目标：

（1）了解影响人体触电伤害程度的因素；

（2）了解常见的触电方式。

技能目标：

能正确进行触电防护。

素质目标：

（1）培养学生做事认真、仔细，注重细节的习惯；

（2）培养学生运用知识解决问题的能力；

（3）培养学生符合职业岗位要求的素养和团结协作精神。

【知识链接】

一、触电对人体的伤害

（一）什么是触电

触电又叫电损伤，是指电流通过人体产生机体损伤，其表现为皮肤接触的灼伤，

9

中枢神经的抑制和循环功能不全，发生呼吸停止和心室颤动。

（二）触电事故种类

按人体所受伤害方式的不同，触电事故可分为电击和电伤。

1. 电击

电击是由于电流流过人体内部，影响呼吸、心脏和神经系统，造成人体内部组织破坏乃至死亡。电击伤害是最危险的伤害，多数触电死亡事故都是由电击造成的。其主要特征是：伤害人体内部，体表没有显著痕迹。

电击可分为直接接触电击和间接接触电击。直接接触电击指人触及设备和线路正常运行时带电体而发生的电击。间接接触电击指人触及正常状态下不带电，而当设备或线路故障时意外带电的导体而发生的电击。

2. 电伤

电伤是指电流对人体外部造成的局部伤害，如图 1-2-1 所示。包括灼伤（电流热效应产生的电伤）、电烙印（电流化学效应和机械效应产生的电伤）和皮肤金属化（在电流的作用下产生的高温电弧，使电弧周围的金属熔化、蒸发并飞溅到皮肤表层所造成的伤害）。

（三）影响人体触电伤害程度的因素

1. 电流大小

通过人体的电流越大，人体的生理反应越明显，感觉越强烈，危险性越大。

2. 电流通过人体的路径

电流流过头部，会使人昏迷；电流流过心脏，会引起心脏颤动；电流流过中枢神经系统，会引起呼吸停止、四肢瘫痪等。电流流过这些要害部位，对人体都有严

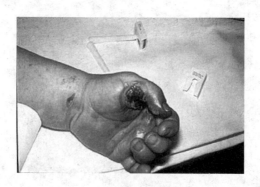

图 1-2-1　电伤

重的危害。

3. 通电时间

通电时间越长，一方面使能量积累增加，另一方面使人体电阻下降，导致通过人体的电流增大，其危险性提高。

4. 电流频率

电流频率不同，对人体的伤害程度也不同。一般来说，民用电对人体的伤害最严重。

5. 电压高低

触电电压越高通过人体的电流越大，对人体的危害也越大。36V 及以下的电压称为安全电压，一般情况下对人体无伤害。

6. 人体状况

电流对人体的危害程度与人体状况有关，即与性别、年龄、健康状况等因素有很大的关系。通常，女性较男性对电流的刺激更为敏感，感知电流和摆脱电流的能力要低于男性。儿童触电比成人要严重。此外，人体健康状态也是影响触电时受到伤害程度的因素。

7. 人体电阻

人体对电流有一定的阻碍作用，这种阻碍作用表现为人体电阻，而人体电阻主要来自于皮肤表层。起皱和干燥的皮肤电阻很大，皮肤潮湿或接触点的皮肤遭到破坏时，电阻会突然减小，同时人体电阻将随着接触电压的升高而迅速下降。

二、常见触电形式

人体的触电方式分为直接接触触电和间接接触触电两种方式。其中，直接接触触电包括单相触电、两相触电和电弧伤害；间接接触触电包括跨步电压触电和接触电压触电。

（一）直接接触触电

人体直接触及或过分靠近电气设备及线路的带电导体而发生的触电现象为直接接触触电。

1. 单相触电

单相触电是指人体站在地面或其他接地体上，人体的某部位触及一相带电体所引起的触电。它的危险程度与电压的高低、电网的中性点是否接地、每相对地电容量的大小有关，是较常见的一种触电事故。如图 1-2-2 所示。

在日常工作和生活中（三相四线制），低压用电设备的开关、插销和灯头以及

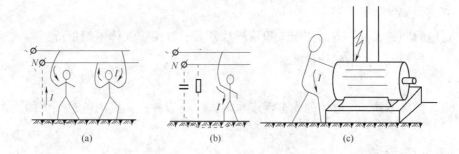

图 1-2-2　单相触电示意图

电动机、电熨斗、洗衣机等家用电器，如果其绝缘损坏，带电部分裸露而使外壳、外皮带电，当人体碰触这些设备时，就会发生单相触电情况。如果此时人体站在绝缘板上或穿绝缘鞋，人体与大地间的电阻就会很大，通过人体的电流将很小，这时不会发生触电危险。

2. 两相触电

两相触电指人体有两处同时接触带电的任何两相电源时的触电，如图 1-2-3 所示。发生两相触电时，电流由一根导线通过人体流至另一根导线，作用于人体上的电压等于线电压，若线电压为 380V，则流过人体的电流高达 268mA，这样大的电流只要经过 0.186s 就可能导致触电者死亡。故两相触电比单相触电更危险。

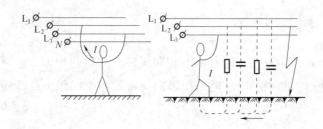

图 1-2-3　两相触电示意图

3. 电弧伤害

电弧是气体间隙被强电场击穿的一种现象，人体过分接近高压带电体会引起电弧放电，使人遭受到电击或电伤。

（二）间接接触触电

电气设备绝缘损坏而发生接地短路故障，使原来不带电的金属外壳带有电压，人体触及就会发生触电，称为间接接触触电。

1. 接地故障电流入地点附近地面电位分布

如图 1-2-4 所示，当电气设备发生碰壳故障，导线断裂落地或线路绝缘击穿而导致单相接地故障时，电流便经接地体或导线落地点呈半球形向地中流散。在距电流流入点越近的地方，由于半球面较小故电阻大，接地电流流过此处的电压也较大，所以电位高。反之，远离接地体的地点电阻小，电位低。

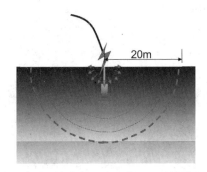

图 1-2-4　接地故障电流入地点附近地面电位分布图

事实证明：在离开电流接入点 20m 以外的地方，半球面已经相当大了，已经没有什么电阻存在，故该处的电位已经接近于 0。

注意：

电工技术上所谓的"地"就是指接地体 20m 以外的地，即零电位的地。通常我们所说的电气设备对地电压就是指带电体对此零电位点的电位差。在扩散电流形成的半球内部，任意一点对零电位的电压沿半球半径的方向是逐步降低的。

2. 跨步电压及跨步电压触电

跨步电压是指电气线路或设备发生接地故障时，在接地电流入地点周围电位分布区（半径 20m 内）行走的人，其两脚处于不同电位，两脚之间（一般人跨步约为 0.8m）的电位差。人体距电流入地点越近，承受的跨步电压越高，如图 1-2-5 所示。

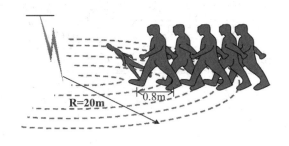

图 1-2-5　跨步电压触电示意图

3. 接触电压及接触电压触电

当电气设备因绝缘损坏而发生接地故障时，接地电流流过接地装置，在大地表面形成分布电位，如果人体的两个部位（同时是手和脚）同时触及漏电设备的外壳和地面时，人体所承受的电压称为接触电压。

由于受接触电压作用而导致的触电现象称为接触电压触电。

三、触电防护知识

（一）直接触电的防护措施

（1）绝缘措施：即用绝缘材料将带电体封闭起来的措施。

（2）屏护措施：即采用屏护装置将带电体与外界隔绝开来，以杜绝不安全因素的措施。

（3）间距措施：在带电体和带电体之间、带电体与其他设备之间以及带电体和人体之间均保持一定的距离。如工作人员与带电设备的安全距离不得小于如表1-2-1、表1-2-2、表1-2-3所示的规定。

表1-2-1　工作人员工作中正常活动范围与带电设备的安全距离

电压等级/kV	≤10（13.8）	20~35	44	60~110	154	220	330
安全距离/m	0.35	0.60	0.90	1.50	2.00	3.00	4.00

表1-2-2　进行地电位带电作业时人身与带电体间的安全距离

电压等级/kV	10	35	66	110	220	330
安全距离/m	0.4	0.6	0.7	1.0	1.8（1.6）	2.6

表1-2-3　等电位作业人员对邻相导线的安全距离

电压等级/kV	10	35	66	110	220	330
安全距离/m	0.6	0.8	0.9	1.4	2.5	3.5

（二）间接触电的防护措施

（1）加强绝缘措施：对电气线路采用双重绝缘。

（2）电气隔离措施：采用隔离办法使电气线路和设备的带电部分处于悬浮状

态。要求被隔离回路的电压不超过500V，其带电部分不得与其他电气回路或大地相连，才能保证隔离安全。

（3）自动断电措施：如漏电保护、过流保护、过压或欠压保护、短路保护等。

（三）保护接地和保护接零措施

（1）保护接地：是指在电源中性点接地的供电系统中，将电气设备的金属外壳与埋入地下并且与大地接触良好的接地装置（接地体）进行可靠的连接。如图1-2-6所示。

要求：接地电阻应小于4Ω。

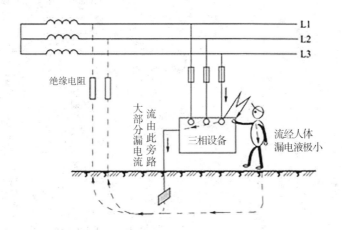

图1-2-6 中性点不接地三相供电系统的接地保护

（2）保护接零：指在电源中性点接地的系统中，将电气设备的金属外壳与电源的零线（中性线）可靠地连接。如图1-2-7所示。

要求：零线绝对不准断开。所以零线上不准安装开关和熔断器。

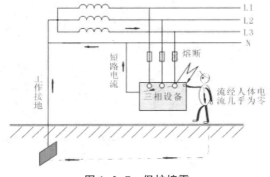

图1-2-7 保护接零

重复接地：用户将零线与接地装置可靠地连接。接地电阻不大于10Ω。

采用保护接零须注意以下几点：

（1）保护接零只能用于中性点接地的三相四线制供电系统。

（2）接零导线必须牢固可靠，防止断线、脱线。

（3）零线上禁止安装熔断器和单独的断流开关。

（4）零线每隔一定距离要重复接地一次。一般中性点接地要求接地电阻小于10Ω。

（5）接零保护系统中的所有电气设备的金属外壳都要接零，绝不可以一部分接零，一部分接地，图1-2-8中A、B两设备的接法是非常危险的。

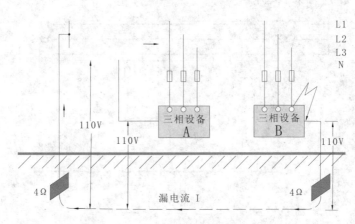

图1-2-8 同一线路中部分接地部分接零的后果

（四）漏电保护

漏电保护电路如图1-2-9所示，TA为电流互感器，GF为主开关（脱扣开关），TL为主开关的分励脱扣器线圈。在被保护电路工作正常、没有发生漏电或触电的情况下，由基尔霍夫定律可知，通过TA一次侧电流的相量和等于零。即 $I_{L1}+I_{L2}+I_{L3}+I_N=0$。此时，TA二次侧不产生感应电动势，漏电保护装置不动作，系统保持正常供电。

当被保护电路发生漏电或有人触电时，由于漏电电流的存在，通过TA一次侧各相负荷电流的相量和不再等于零，即 $I_{L1}+I_{L2}+I_{L3}+I_N≠0$ 产生了剩余电流，TA二次侧线圈就有感应电动势产生，此信号经中间环节进行处理和比较，当达到预定值时，使主开关分励脱扣线圈TL通电，驱动主开关GF自动跳闸，迅速切断被保护电路的供电电源，从而实现保护，如图1-2-10所示。

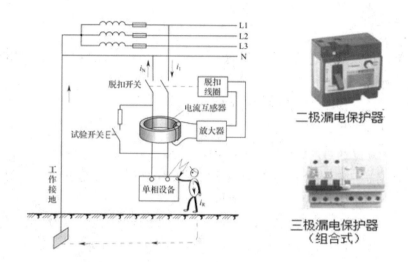

图 1-2-9 漏电保护原理图

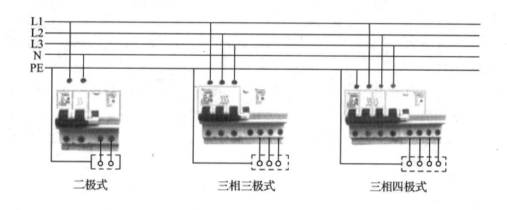

图 1-2-10 漏电保护接线示意图

根据电气设备的传电方式选用漏电保护器：

（1）单相 220V 电源供电的电气设备，应选用二极二线或单极二线式漏电保护器。

（2）三相三线式 380V 电源供电的电气设备，应选用三极式漏电保护器。

（3）三相四线式 380V 电源供电的电气设备，或单相设备与三相设备共用的电器，应选用三极四线式、四极四线式漏电保护器。

（五）安全用电注意事项

（1）判断电线或用电设备是否带电，必须用试电器（或测电笔），绝不允许用手触摸。

（2）禁止带负载操作动力配电箱中的刀开关。

（3）禁止在运行中拆卸、修理电气设备。检修电气设备时必须停车，切断电源，并在开关处设置"禁止合闸，有人工作"的警示牌。

（4）根据需要选择熔断器的熔丝粗细，严禁用铜丝代替熔丝。

（5）安装照明线路时，开关必须接在相线上，开关和插座离地一般不低于1.3m。不要用湿手去摸开关、插座、灯头等，也不要用湿布去擦灯泡。

（6）室内配线时禁止使用裸导线和绝缘破损的导线，塑料护套线直接装置在敷设面上时，须用防锈的金属夹头或其他材料的夹头牢固装夹。塑料护套线连接处应加瓷接头或接线盒，严禁将塑料护套线或其他导线直接埋设在水泥或石灰粉刷层内。

（7）拆开的或断裂的裸露带电接头，必须及时用绝缘物包好并放在人身不易接触到的地方。

（8）配电箱、开关、变压器等电气设备附近，不准堆放各种易燃易爆、潮湿和其他影响操作的物体。

（9）在电力线路附近，不要安装电视机的天线；不放风筝、打鸟；更不能向电线、瓷瓶和变压器上抛物。在带电设备周围严禁使用钢板尺、钢卷尺进行测量工作。

（10）发现电线或电气设备起火，应迅速切断电源，在带电状态下，绝不能用水或泡沫灭火器灭火。

【技能训练】

查找国家规定的安全色标

查阅资料，将国家规定的安全色标含义填入表1-2-4中。

表1-2-4　安全色标含义

序号	颜色	示意图	说明
1	红色	 禁止入内	

续表

序号	颜色	示意图	说明
2	蓝色	 必须系安全带	
3	黄色	 当心触电	
4	绿色	 P 南口	

电气事故案例分析

根据你所学到的安全用电常识，分析以下电气事故案例，将原因分析填在空白处。

案例1： 王某在使用自家的一台老式台式电风扇（金属外壳）时，手碰及电扇金属底座，惨叫一声倒地，并将电扇从桌上带下来，压在身上，造成触电身亡。

原因分析：_____

_____

_____

_____

案例2： 电工周某和秦某检修开水间日光灯，周某上人字梯换了启辉器和灯管后仍不亮，就让秦某把日光灯开关断开，然后拆开灯脚。周某由于没有站稳重心偏移将倒下时，左手一把拉住一根金属水管，而右手还拿着带电的灯脚引起触电，秦某见状立即跑去切断总电源，结果周某虽经抢救但仍无法生还。

原因分析：_____

_____

_____

【任务小结】

本任务中，我们学习了触电伤害与触电防护的相关知识，了解了触电的危害、常见的触电方式以及影响人体触电伤害程度的因素，从而进一步掌握了安全用电常识。

【任务评价】

根据你对本任务的学习和表现情况，填写以下评价表。

表 1-2-5 任务评价表

任务名称			
任务时间		组　号	
小组成员			
检查内容			
咨询			
（1）明确任务学习目标			是 □ 否 □
（2）查阅相关学习资料			是 □ 否 □
计划			
（1）分配工作小组			是 □ 否 □
（2）自学电气设备安全常识			是 □ 否 □
（3）小组讨论安全、环保、成本等因素，制订学习计划			是 □ 否 □
（4）教师是否已对计划进行指导			是 □ 否 □
实施			
准备工作	（1）具备安全用电相关知识		是 □ 否 □
	（2）具备触电防护知识		是 □ 否 □
技能训练	（1）能说出国家安全色标含义		是 □ 否 □
	（2）能分析电气事故案例		是 □ 否 □
安全操作与环保			
（1）工装整洁			是 □ 否 □
（2）遵守劳动纪律，注意培养一丝不苟的敬业精神			是 □ 否 □
（3）注意安全用电，做好电气设备的保养措施			是 □ 否 □
（4）严格遵守本专业操作规程，符合安全文明生产要求			是 □ 否 □

你在本次任务中有什么收获？	
人体触电类型有几种？防止触电的措施有哪些？	
组长签名：	日期：
教师审核：	
教师签名：	日期：

【思考与练习】

（1）小鸟站在高压线上为什么不会触电呢？

（2）人体安全电压是多少？

任务三 触电急救

【任务导入】

触电事故具有偶然性、突发性的特点，令人猝不及防。如果延误时机，死亡率是很高的。通过研究发现：触电后 1min 内进行抢救，救活率达 90%；6min 内进行施救的话，救活率达 10%；12min 以后救治的，救活率则很小。如何进行正确有效的触电急救呢？

【学习目标】

知识目标：

（1）了解触电急救原则；

（2）学会常用的触电急救方法。

技能目标：

（1）能正确掌握使触电者脱离电源的方法；

（2）能正确掌握触电急救的方法。

素质目标：

（1）培养学生做事认真、仔细，注重细节的习惯；

（2）培养学生运用知识解决问题的能力；

21

（3）培养学生符合职业岗位要求的素养和团结协作精神。

【知识链接】

人体触电后会出现肌肉收缩，神经麻痹，呼吸中断、心跳停止等征象，表面上呈现昏迷不醒状态，此时并不是死亡，而是"假死"，如果立即急救，绝大多数的触电者是可以救活的。关键在于能否迅速使触电者脱离电源，并及时、正确地进行救护。触电急救原则如下：

（1）迅速使触电者脱离电源；

（2）就地对触电者进行诊断；

（3）使用正确姿势对症急救；

（4）抢救要及时、坚持、不中断。

一、迅速脱离电源

（一）迅速脱离低压电源

急救原则："拉、切、挑、拽、垫"五字口诀。

1. 拉

迅速关闭电源开关，如图 1-3-1 所示。

图 1-3-1　关闭电源

2. 切

切断电源线，如图 1-3-2 所示。

3. 挑

挑开导线，如图 1-3-3 所示。

（a）正确操作　　　　　　　　　　　　（b）错误操作

图 1-3-2　切断电源

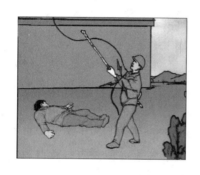

（a）正确操作　　　　　　　　　　　　（b）错误操作

图 1-3-3　挑开导线

4. 拽

拽触电者，如图 1-3-4 所示。

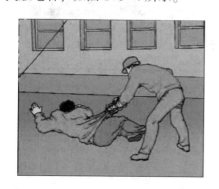
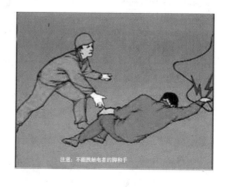

（a）正确操作　　　　　　　　　　　　（b）错误操作

图 1-3-4　拽触电者

23

5. 垫

救护者站在木板或绝缘垫上，如图 1-3-5 所示。

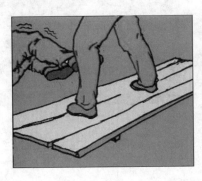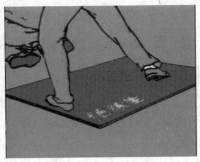

（a）木板　　　　　　　　　（b）绝缘垫

图 1-3-5　救护者站在木板或绝缘垫上

（二）迅速脱离高压电源

（1）如有人在高压带电设备上触电（见图 1-3-6），救护人员应戴绝缘手套、穿上绝缘靴拉开电源开关（见图 1-3-7）；用相应电压等级的绝缘工具拉开高压跌落开关，以切断电源。与此同时，救护人员在抢救过程中，应注意自身与周围带电部分之间的安全距离。

图 1-3-6　高压带电设备上触电　　　**图 1-3-7　戴绝缘手套切断电源**

（2）当有人在架空线路上触电时，救护人员应尽快用电话通知当地电力部门迅速停电（见图 1-3-8），以备抢救；如触电发生在高压架空线杆塔上，又不能迅速联系就近变电站（所）停电时，救护者可采取应急措施，即采用抛掷足够截面、适当长度的裸金属软导线，使电源线路短路，造成保护装置动作，从而使电源开关跳闸，如图 1-3-9 所示。

图 1-3-8　电力部门迅速停电

图 1-3-9　抛掷金属软线使电源自主跳闸

注意：抛掷者要防止跨步电压伤人，注意自身安全，同时要防止电弧伤人。

（3）如果触电者触及断落在地上的带电高压导线，在尚未确认线路无电且救护人员未采取安全措施（如穿绝缘靴等）前，不能接近断线点 8~10m 范围内，以防跨步电压伤人。触电者脱离带电导线后亦应迅速将其带至 8~10m 以外后开始急救。

脱离电源的注意事项：

（1）救护人员不可直接用手、其他金属及潮湿的物体作为救护工具，而应使用适当的绝缘工具，救护人员最好用单手操作，以防自己触电。

（2）防止触电者脱离电源后二次伤害，特别是当触电者在高处的情况下，要考虑防止坠落的措施。

（3）救护者在救护过程中要注意自身和被救者与附近带电设备之间的安全距离，尤其是被救者在杆上或高处时，防止再次触及带电设备；电气设备、线路即使电源已断开，对未做安全措施挂上接地线的设备也应视作有电设备；救护人员登高时应随身携带必要的绝缘工具和牢固的绳索等。

（4）如事故发生在夜间，应设置临时照明灯以便于抢救，避免意外事故，但不能因此而延误切断电源和进行急救的时间。

二、就地对触电者进行诊断

（一）诊断方法

触电者脱离电源后，应立即就地进行抢救。如图 1-3-10 所示，检查、判断触电者的受伤情况。

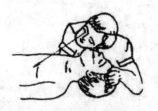

图 1-3-10　看、听、试

（1）看：仔细观察触电者的胸部和腹部有无起伏动作。

（2）听：用耳朵贴近触电者的口鼻与心房处，听其有无微弱的呼吸与心跳。

（3）试：用手轻触触电者颈动脉有无搏动，以判断有无心跳；把手指放在鼻孔边，通过感觉有无气流判断有无呼吸。

（二）诊断的做法

（1）触电者尚有意识，心跳和呼吸存在。

做法：送触电者到空气流通、暖和安静的地方平卧休息，由专人监护。

（2）触电者丧失意识，但心跳和呼吸存在。

做法：就地护理，尽快转送医院。

（3）触电者呼吸停止，但尚有心跳。

做法：立即用口对口人工呼吸的方法进行抢救。

（4）触电者心跳停止，但呼吸尚存。

做法：立即用胸外心脏按压的方法进行抢救。

（5）触电者丧失意识，心跳和呼吸停止。

做法：立即用人工心肺复苏的方法进行抢救。

（6）伴随着电击或电伤，触电者有时还会出现各种外伤，如皮肤创伤、电灼伤和骨折等；高压触电还可能会造成大面积严重的深度灼伤。

做法：在诊断后，对明显的外伤可同时进行应急处理，如止血、固定骨折部位等；对灼伤部位，应先用无菌生理盐水冲洗，再用酒精涂擦，最后用消毒棉纱布覆盖。

注意：

（1）电击造成严重伤害时，会表现为全身电休克所导致的"假死"现象。其特征是：触电者失去知觉，面色苍白，瞳孔放大（见图 1-3-11），心跳与呼吸停止。

（2）对"假死"者，抢救及时和坚持抢救是十分重要的。有触电者经过 4 小时甚至更长时间的连续抢救而获救的。据资料统计：从触电后 1 分钟开始救治的，约 90% 有良好效果；从 6 分钟后开始抢救的，约 10% 有良好效果；而从 12 分钟后开始抢救的，则救活的可能性很小。

图 1-3-11　电击前后瞳孔变化

三、人工心肺复苏

（一）口对口人工呼吸

检查后发现触电者无呼吸，应立即用口对口人工呼吸对触电者进行抢救，如图 1-3-12 所示。

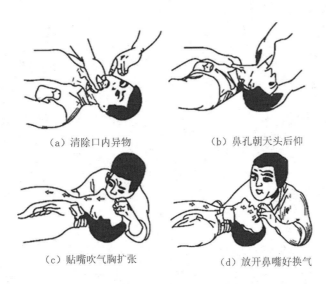

（a）清除口内异物　　　　　　　（b）鼻孔朝天头后仰

（c）贴嘴吹气胸扩张　　　　　　（d）放开鼻嘴好换气

图 1-3-12　口对口人工呼吸

1. 清除口内异物

如图 1-3-12（a）所示，将触电者身体及头部侧转，抢救者迅速用 1 根或 2 根手指从口角处插入，取出口腔内的异物（如假牙）。

2. 鼻孔朝天头后仰

如图 1-3-12（b）所示，抢救者的一只手放在触电者前额使其头部后仰，另一只手的食指与中指放在触电者下颌骨并抬起下颌。

3. 贴嘴吹气胸扩张

如图 1-3-12（c）所示，抢救者用一只手的拇指与食指捏住触电者鼻翼下端，使触电者鼻孔关闭；另一只手捏住触电者下颌，张开触电者的嘴，抢救者深吸一口气后，张开口贴紧触电者的嘴，用力向触电者口内吹气，并观察触电者胸部有无上抬。

4. 放开鼻嘴好换气

如图 1-3-12 (d) 所示, 吹气 2s 后, 抢救者的嘴离开触电者的嘴, 同时, 捏住触电者鼻翼的手松开, 并将触电者的嘴合上, 让触电者自由呼气。

注意:

(1) 进行口对口人工呼吸时, 吹气 2s, 触电者自由呼气 3s, 每分钟做 12~16 次。

(2) 若触电者上下牙咬紧, 嘴不能张开, 无法进行口对口人工呼吸时, 抢救者可用口对触电者的鼻孔吹气的方法进行抢救。

(3) 口对口人工呼吸抢救过程中, 若被救者胸部有起伏, 说明人工呼吸有效, 抢救方法正确; 若胸部无起伏, 说明气道不够畅通, 或有梗阻, 或吹气不足 (但吹气量也不宜过大, 以胸廓上抬为准), 抢救方法不正确等。

(二) 胸外心脏按压

当发现触电者心跳停止, 应马上采用胸外心脏按压的方法对触电者进行抢救, 如图 1-3-13 所示。

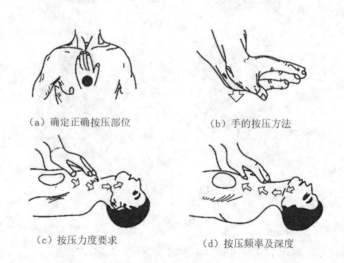

(a) 确定正确按压部位　　　　(b) 手的按压方法

(c) 按压力度要求　　　　(d) 按压频率及深度

图 1-3-13　胸外心脏按压法

1. 确定正确的按压部位

如图 1-3-13 (a) 所示, 将触电者平放仰卧在硬地上并使头部低于心脏, 使气道顺畅。沿着肋骨向上摸, 遇到剑突放两指, 即胸口剑突向上两指处, 为胸外心脏按压的正确部位。手掌靠在指上方, 掌心应在中线上。

2. 手的按压方法

如图 1-3-13（b）所示，抢救者跪在触电者一侧，腰稍向前弯，上身略向前倾，使双肩在双手正上方，两臂下垂伸直，双手掌相叠，手指翘起，下面那只手的手掌根部放在按压部位。

3. 按压力度要求

如图 1-3-13（c）所示，按压时利用上半身体重和肩、臂部肌肉力量向下平稳按压。按压至最低点时应有一明显的停顿；然后放松，让触电者胸部自然复位，但放松时下面手掌不要离开按压部位。

4. 按压频率及深度

如图 1-3-13（d）所示，按压频率：每分钟 80~100 次。按压深度：成人：4~5cm；小孩：2~3cm。下压与放松的时间要相等。

注意：

（1）按压位置一定要准确，否则容易造成触电者胸骨骨折或其他伤害；

（2）两手掌不能交叉放置，婴儿和幼童只用 2 只手指按压，10 岁以上儿童用一只手按压；

（3）按压时手指不要压在胸壁上，否则容易造成触电者胸骨骨折。

（4）不能作冲击式的按压，放松时应尽量放松，但手掌根部不要离开按压部位，以免造成下次位置错位。

（5）要防止按压速度不由自主地加快，从而影响到抢救效果。

（三）现场心肺复苏抢救法

1. 判断意识

如图 1-3-14 所示，抢救者跪在触电者肩旁，轻轻摇动触电者肩部，高声呼叫："喂！你怎么啦？"要求在 5s 内完成。

2. 摆放触电者

如图 1-3-15 所示，使触电者仰卧，头颈、躯干平直无扭曲，双手放在两侧躯干旁，这样摆放有利于抢救。要求在 5~10s 内完成。若触电者面部朝下，可以按图 1-3-15 所示方法小心使触电者保持整体地翻转到正确体位。

图 1-3-14　判断意识　　　　图 1-3-15　摆放触电者

3. 畅通气道并判断呼吸、心跳

如图 1-3-16 所示，用一只手放在触电者前额，另一只手的手指将其下颌骨向上抬起，两手协同将头部推向后仰，舌根随之抬起，气道即可通畅；然后用"看、听、试"的方法判断触电者有无呼吸和心跳。要求在 5~10s 内完成。

4. 口对口人工呼吸

如图 1-3-17 所示，按口对口人工呼吸的方法，马上做口对口人工呼吸，给触电者吹气 2 次，要求在 5~10s 内完成。

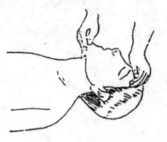

图 1-3-16　畅通气道,判断呼吸、心跳　　　图 1-3-17　口对口人工呼吸

5. 胸外心脏按压

如图 1-3-18 所示，完成 2 次人工呼吸后给触电者进行胸外心脏按压 15 次。要求在 20~25s 内完成。按"口对口吹气 2 次，心脏按压 15 次"的方法反复进行抢救。

6. 双人现场心肺复苏法

如图 1-3-19 所示，一人进行口对口人工呼吸，另一人进行胸外心脏按压。首先口对口人工呼吸 2 次，然后心脏按压 5 次；再口对口人工呼吸 1 次，心脏按压 5 次，交替进行。人工呼吸和心脏按压不能同时进行。

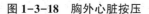

图 1-3-18　胸外心脏按压　　　　图 1-3-19　双人现场心肺复苏法

7. 抢救中进行检查

抢救过程中，要时刻注意触电者身体状况的变化。一般每隔 5min 左右应检查一次触电者的呼吸与心跳情况。

8. 不得随意打强心针

对医务知识掌握不多的抢救者，若随意给触电者打强心针，极易造成触电者的死亡。故规定现场抢救时不能随意给触电者打强心针。

注意：

（1）现场采用心肺复苏法进行抢救时，要对触电者畅通气道并先口对口吹气 2 次，是因为部分触电者会因呼吸道不通畅而产生窒息，以致心跳减慢。畅通气道后触电者会因气流冲击使呼吸与心跳恢复。而心脏按压必须在触电者肺内有新鲜氧气的情况下进行。所以要先口对口给触电者吹气 2 次。

（2）抢救时可请求周围的人协助，因一个人做心肺复苏不可能坚持较长时间，而且疲劳后抢救动作容易变形。抢救的同时，应请人打电话给医院。

（3）急救中，若触电者出现瞳孔放大已达 30s 以上，身上已出现尸斑，身体关节出现僵硬，经医生作出死亡诊断后，才可以停止抢救。

【技能训练】

触电急救模拟训练

（一）工具及器材

模拟的低压触电现场、各种工具（含绝缘工具和非绝缘工具）、绝缘垫 1 张、心肺复苏急救模拟人。

（二）训练内容

（1）使触电者尽快脱离电源的方法；

（2）心肺复苏急救方法。

（三）训练步骤

1. 使触电者尽快脱离电源训练步骤

（1）在模拟的低压触电现场让一学生模拟被触电的各种情况，要求学生两人一组选择正确的绝缘工具，使用安全快捷的方法使触电者脱离电源。

（2）将已脱离电源的触电者按急救要求设置在绝缘垫上，学习"看、听、试"的判断方法。

（3）完成任务评价表中的思考题。

2. 心肺复苏急救方法的训练步骤

（1）要求学生在工位上练习胸外挤压急救手法以及口对口人工呼吸法的动作和节奏。

（2）让学生用心肺复苏模拟人进行心肺复苏训练，根据打印输出的训练结果，检查学生急救手法的力度和节奏是否符合要求（若采用的模拟人无打印输出，可由指导老师计时和观察学生的手法以判断其正确性），直至学生掌握方法为止。

（3）完成任务评价表中的思考题。

【任务小结】

本任务中，我们学习了触电急救相关知识，了解了触电急救原则，通过技能训练，进一步掌握触电急救方法。

【任务评价】

根据本任务你的学习表现情况，填写以下评价表。

表 1-3-1　任务评价表

任务名称			
任务时间		组　号	
小组成员			
检查内容			
咨询			
（1）明确任务学习目标			是 □ 否 □
（2）查阅相关学习资料			是 □ 否 □
计划			
（1）分配工作小组			是 □ 否 □

（2）自学安全操作规程			是 □ 否 □
（3）小组讨论安全、环保、成本等因素，制订学习计划			是 □ 否 □
（4）教师是否已对计划进行指导			是 □ 否 □
实施			
准备工作	（1）正确准备工具和器材		是 □ 否 □
	（2）具备触电急救相关知识		是 □ 否 □
技能训练	触电急救模拟训练		是 □ 否 □
安全操作与环保			
（1）工装整洁			是 □ 否 □
（2）遵守劳动纪律，注意培养一丝不苟的敬业精神			是 □ 否 □
（3）注意安全用电，做好设备仪表的保养措施			是 □ 否 □
（4）严格遵守本专业操作规程，符合安全文明生产要求			是 □ 否 □

你在本次任务中有什么收获？

（1）当发现有人触电时，应如何安全地使触电者脱离电源？

（2）请写出对触电者作抢救准备的要求。

触电者放置的地方：

触电者放置的姿势：

触电者症状的判断：

触电者畅通气道：

（3）写出对触电者进行抢救的方法。

组长签名：	日期：
教师审核：	
教师签名：	日期：

【思考与练习】

（1）触电急救的原则是什么？

（2）"口对口人工呼吸法"的要领和步骤是什么？

（3）"胸外心脏按压法"的要领和步骤是什么？

项目二

常用电工工具和仪表使用

任务一　常用电工工具使用

【任务导入】

常用电工工具是电气操作的基本工具（见图 2-1-1）。电气操作人员必须掌握电工常用工具的结构、性能和正确的使用方法，这将直接影响工作效率、工作质量以及人身安全。下面我们一起对常用电工工具进行学习与操作，掌握电工工具的相关知识，规范操作。

图 2-1-1　常用电工工具套装

【学习目标】

知识目标：

（1）认识常用电工工具，了解其用途；

（2）熟练掌握其正确的使用方法及注意事项。

技能目标：

能正确使用各种常用电工工具。

素质目标：

（1）培养学生做事认真、仔细，注重细节的习惯；

（2）培养学生爱护公物和实训设备，摆放东西规范有序的习惯；

（3）培养学生符合职业岗位要求的素养和团结协作精神。

【知识链接】

电工作业经常会使用到一些工具，而电工使用的工具种类较多，一般可分为常用工具和其他辅助工具。

一、电工常用工具

电工常用工具是电工维修必备的工具，主要有测电笔、螺丝刀、钢丝钳、剥线钳、活络扳手、电工刀、电烙铁等。维修电工使用工具进行带电操作之前，必须检查工具的绝缘把套是否绝缘良好，以防止绝缘损坏，发生触电事故。

（一）测电笔

测电笔是用于检测线路和设备是否带电的工具，有笔式和螺丝刀式两种，其结构如图 2-1-2 所示。

笔尖金属　高压电阻　氖管　弹簧　笔尾金属体　　　　　绝缘套管

（a）笔式低压测电笔　　　　　　　　　　（b）螺丝刀式低压测电笔

图 2-1-2　低压测电笔

测电笔的使用方法：

使用时手指必须接触金属笔挂（笔式）或测电笔的金属螺钉部（螺丝刀式）。

使电流由被测带电体经测电笔和人体与大地构成回路。只要被测带电体与大地之间电压超过 60V 时，测电笔内的氖管就会起辉发光。测电笔操作方式如图 2-1-3 所示。由于测电笔内氖管及所串联的电阻较大，形成的回路电流很小，不会对人体造成伤害。

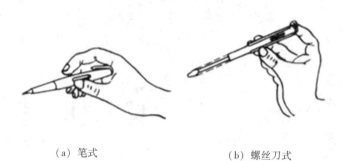

（a）笔式　　　　　　　　（b）螺丝刀式

图 2-1-3　测电笔握法

测电笔使用注意事项：

测电笔在使用前，应先在确认有电的带电体上试验，确认测电笔工作正常后，再进行正常验电，以免氖管损坏造成误判，危及人身或设备安全。要防止测电笔受潮或强烈振动，平时不得随便拆卸。手指不可接触笔尖露出的金属部分或螺杆部分，以免触电造成伤害。

（二）螺丝刀

螺丝刀又名"起子"或"旋凿"，是用来旋紧或拆卸带槽螺钉的工具。螺丝刀按不同的头形可以分为一字、十字、米字、星形（电脑）、方头、六角头、Y 形头部等，其中一字和十字是我们生活中最常用的。按握柄材料又分为木柄和塑料柄两类。

1. 一字形螺丝刀

一字形螺丝刀是用来紧固或拆卸带一字槽螺钉的工具。以柄部以外的刀体长度表示规格，单位为 mm，电工常用的有 100mm、150mm、300mm 三种。如图 2-1-4 所示。

2. 十字形螺丝刀

十字形螺丝刀是用来紧固或拆卸带十字槽螺钉的工具。按其头部旋动螺钉规格的不同，分为四个型号：Ⅰ、Ⅱ、Ⅲ、Ⅳ号，分别用于

图 2-1-4　一字形螺丝刀

旋动直径为 2~2.5mm、3~5mm、6~8mm、10~12mm 等的螺钉。其内部以外刀体长度规格与一字形螺丝刀相同，如图 2-1-5 所示。

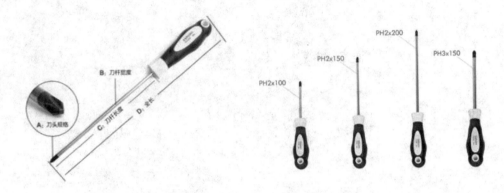

图 2-1-5 十字形螺丝刀

3. 螺丝刀的使用方法

使用螺丝刀时，应按螺钉的规格选用合适的刀口，严禁以小代大或以大代小使用螺丝刀，那样均会损坏螺钉或电气元件。螺丝刀的正确使用方法如图 2-1-6 所示。

（a）小螺丝刀用法　　　　　　　　　　（b）大螺丝刀用法

图 2-1-6 螺丝刀用法

（1）在使用小螺丝刀时，一般用拇指和中指夹持螺丝刀柄，食指顶住柄端。

（2）在使用大螺丝刀时，除拇指、食指和中指用力夹住螺丝刀柄外，手掌还应顶住柄端，用力旋转螺丝刀。

（3）螺丝刀较长时，用右手压紧手柄并转动，同时左手握住起子的中间部分（不可放在螺钉周围，以免将手划伤），以防止螺丝刀滑脱。

螺丝刀的使用注意事项：

（1）带电作业时，手不可触及螺丝刀的金属杆，以免发生触电事故。

（2）作为电工，不应使用金属杆直通握柄顶部的螺丝刀。

（3）为防止金属杆触到人体或邻近带电体，金属杆应套上绝缘管。

（三）钢丝钳

钢丝钳又称为钳子（见图 2-1-7）。钢丝钳的用途是夹持或折断金属薄板以及切断金属丝（导线）。其中，钳口用于弯绞和钳夹线头或其他金属、非金属物体；齿口用于旋动螺钉螺母；刀口用于切断电线、起拔铁钉、削剥导线绝缘层等；铡口用于铡断硬度较大的金属丝，如钢丝、铁丝等。

钢丝钳规格较多，电工常用的有 175mm、200mm 两种。电工用钢丝钳柄部加有耐压 500V 以上的塑料绝缘套。

钢丝钳使用注意事项：

（1）使用前应检查钳子的绝缘状况，以免带电操作时发生触电事故。

（2）用钳子剪切导线时，若导线带电，应单根剪切以免发生短路故障。

（3）带电作业时，手与钳子金属部分应保持 2cm 以上的距离，不得触到金属部分。

（四）尖嘴钳

尖嘴钳头部尖细、适用于在狭小空间操作。主要用于切断较小的导线、金属丝、夹持小螺钉、垫圈、可将导线端头弯曲成型。如图 2-1-8 所示。

图 2-1-7　钢丝钳　　　　　　　　图 2-1-8　尖嘴钳

尖嘴钳有裸柄和绝缘柄两种，绝缘柄的耐压为 500V，电工应选用带绝缘柄的。

尖嘴钳的规格以全长表示，常用的规格有 130mm、160mm、180mm 和 200mm 四种。

尖嘴钳的使用方法与钢丝钳基本相同。

尖嘴钳使用注意事项：

（1）不允许用尖嘴钳装卸螺母、夹持较粗的硬金属导线及其他硬物。

（2）塑料手柄皮损后严禁带电操作。

（3）尖嘴钳头部是经过淬火处理的，不要在锡锅或高温条件下使用。

（五）剥线钳

剥线钳主要用于剥削直径在 6mm 以下的塑料或橡胶绝缘导线的绝缘层，由钳头和手柄两部分组成，它的钳口工作部分有从 0.5~3mm 的多个不同孔径的切口，以便剥削不同规格的芯线绝缘层。剥线时，为了不损伤线芯，线头应放在大于线芯的切口上剥削。剥线钳外形如图 2-1-9 所示。

（六）活络扳手

活络扳手是一种在一定范围内旋紧或旋松四角、六角螺栓、螺母的专用工具。活络扳手的钳口可在规格范围内任意调整大小，用于旋动螺杆螺母，其外形结构如图 2-1-10 所示。

图 2-1-9 剥线钳　　　　　　　　图 2-1-10 活络扳手

活络扳手规格较多，电工常用的有 150mm×19mm、200mm×24mm、250mm×30mm 三种，前一个数字表示体长，后一个数字表示扳口的宽度。扳动较大螺杆螺母时，所用力矩较大，手应握在手柄尾部。扳动较小螺杆螺母时，为防止钳口处打滑，手可握在接近头部的位置，且用拇指调节和稳定螺杆。活络扳手使用方法如图 2-1-11 所示。

（a）扳大螺母时的握法　　　　（b）扳小螺母时的握法

图 2-1-11　活络扳手使用方法

活络扳手的使用注意事项：

（1）使用活络扳手旋动螺杆螺母时，必须把工件的两侧平面夹牢，以免损坏螺杆螺母的棱角。

（2）使用活络扳手不能反方向用力，否则容易扳裂活络扳唇，不准用钢管套在手柄上做加力杆使用，不准用作撬棍撬重物，不准把扳手当手锤，否则将会对扳手造成损坏。

（七）电工刀

电工刀是一种切削工具，在电气操作中主要用于剖削导线绝缘层、削制木榫、切割木台缺口等。电工刀有普通型和多用型两种，按刀片尺寸大小分为大、小两号，大号的刀片长度为 112mm，小号的为 88mm。多用型电工刀除具有刀片外，还有可收式的锯片、锥针和旋具，可以用于锯割电线槽板、胶木管、锥钻木螺钉的底孔。电工刀的刀口磨制应在单面上磨出呈圆弧状的刃口，刀刃部分要磨得锋利一些。普通电工刀的外形如图 2-1-12 所示。

图 2-1-12　电工刀

电工刀的使用注意事项：

（1）由于其刀柄处没有绝缘，不能用于带电操作，以免触电；

（2）割削时刀口应朝外，以免伤手；

（3）剖削导线绝缘层时，刀面与导线呈 45°角倾斜切入，以免削伤线芯。

（4）使用完毕后，随即将刀身折进刀柄。

（八）电烙铁

在电工作业过程中，电烙铁是经常要使用到的一种焊接工具，根据其不同的受热方式，可分为内热式电烙铁和外热式电烙铁，其外形结构如图 2-1-13 所示。

（a）内热式电烙铁　　　　　　　　　　（b）外热式电烙铁

图 2-1-13　电烙铁

1. 电烙铁的握法

电烙铁的握法分为三种，如图 2-1-14 所示。

（1）反握法。用五指把电烙铁的柄握在掌内。动作稳定，长时间操作不易疲劳，此法适用于大功率电烙铁，焊接散热量大的被焊件。

（2）正握法。此法适用于较大的电烙铁，弯形烙铁头的一般也用此法。

（3）握笔法。用握笔的方法握电烙铁，此法适用于小功率电烙铁，焊接散热量小的被焊件，如焊接收音机、电视机的印制电路板及其维修等。

（a）反握法　　　　　　（b）正握法　　　　　（c）握笔法

图 2-1-14　电烙铁的握法

2. 电烙铁的选用

电工作业时，要根据焊接对象而选用功率适当的电烙铁。例如，在装修电子控制线路时，焊接对象为电子元器件，一般选用 20~40W 的内热式电烙铁；在焊接较粗的多股铜芯绝缘线头时，根据铜芯直径的大小，可选用 75~150W 的外热式电烙铁；在对面积较大的工件进行烫锡处理时，要选用功率为 300W 左右的电烙铁。

二、电工辅助工具

电工作业时，除了用到一些常用工具外，还常常会用到一些防护工具，如高空作业用具、辅助安全用具等。

（一）常用攀高用具

电工作业时常常会遇到高空作业，因此攀高工具也是电工工具之一。电工常用的攀高工具主要有安全帽、安全带、踏板、脚扣等。

1. 安全帽

如图 2-1-15 所示，安全帽是一种重要的安全防护用品，凡有可能会发生物体坠落的工作场所，或有可能发生头部碰撞、劳动者自身有坠落危险的场所，都要求佩戴安全帽。安全帽是电工作业人员必备的防护用品。戴安全帽时必须系好带子。

用于防止工作人员误登带电杆塔用的无源近电报警安全帽，属于音响提示型辅助安全用具。当工作人员佩戴此安全帽登杆工作中误登带电杆塔，人员对高压设备距离小于《电业安全工作规程》规定的安全距离时，安全帽内部的近电报警装置立即发出报警音响，提醒工作人员注意，防止误触带电设备造成人员伤亡事故。

2. 安全带

安全带多采用锦纶、维纶、涤纶等根据人体特点设计而成防止高空坠落的安全用具，如图 2-1-16 所示。

图 2-1-15　安全帽　　　　　图 2-1-16　安全带

《电业安全工作规程》中规定，凡在离地面 2m 以上的地点进行工作为高处作业，高处作业时，应使用安全带。

每次使用安全带时，必须做一次外观检查，在使用过程中，也要注意查看，在半年至一年内要试验一次，以主部件不损坏为要求。如发现有破损变质情况应及时反映并停止使用，以保证操作安全。

3. 踏板

踏板又叫登高板，用于攀登电杆，由板、绳、钩组成，如图 2-1-17 所示。

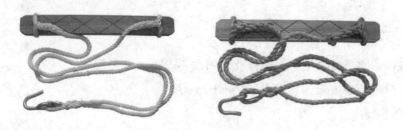

图 2-1-17　登高板

4. 脚扣

脚扣也是攀高电杆的工具，主要由弧形扣环、脚套组成，分为木杆脚扣和水泥杆脚扣两种。其中木杆脚扣的扣环上有铁齿，用以咬住木杆；水泥脚扣的扣环上裹有橡胶，以便增大摩擦力，防止打滑，其外形如图 2-1-18 所示。

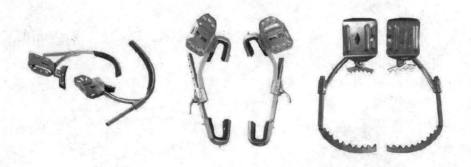

图 2-1-18　脚扣

电工使用脚扣时应注意使用前的检查工作，即对脚扣也要做人体冲击试验，同时检查脚扣皮带是否牢固可靠，是否磨损或被腐蚀等。使用时要根据电杆的大小规格选择合适的脚扣，使用脚扣的每一步都要保证扣环完整套入，扣牢电杆后方能移动身体。

注意：

水泥脚扣可用于攀登木电杆，但木杆脚扣不能用于攀登水泥电杆，在雨雪天气最好不要使用脚扣进行高空作业。

（二）安全防护用具

电工作业时常常会用到一些防护用具，如绝缘手套、绝缘鞋和绝缘胶带等。

1. 绝缘手套和绝缘靴

绝缘手套和绝缘靴均由特种橡胶制成，一般作为辅助安全用具。绝缘手套可以作为在低压带电设备或线路等工作的基本安全用具。绝缘靴的作用是使人体与大地绝缘，防止跨步电压，分 20kV 和 6kV 两种。绝缘靴在任何电压等级下都可以作为防护跨步电压的基本安全用具，如图 2-1-19 所示。

（a）绝缘手套　　　　　　　　　（b）绝缘靴

图 2-1-19　绝缘手套和绝缘靴

注意：

（1）绝缘手套是不能用医疗手套或化工手套代替使用的。

（2）在使用绝缘靴中，不能用防雨胶鞋代替；

（3）绝缘鞋在明显处标有"绝缘"和耐压等级，作为 1kV 以下辅助绝缘用具，1kV 以上禁止使用。

（4）绝缘手套和绝缘靴均须按规定进行定期试验。

2. 绝缘胶带

如图 2-1-20 所示，电工常用的绝缘胶带，其主要是用于防止漏电，起绝缘作用。绝缘胶带具有良好的绝缘耐压、阻燃等特性，适用于电线连接、电线电缆缠绕、绝缘保护等。

图 2-1-20　绝缘胶带

【技能训练】

电工常用工具的使用

通过识别、练习各种常用电工工具的使用，掌握常用电工工具的使用方法与注意事项，按要求填写表 2-1-1。

表 2-1-1　常用电工工具

序号	工具名称	功能与作用	示意图
1	电工钳		
2	钢丝钳		
3	剥线钳		
4	螺丝刀		
5	电工刀		

登杆训练

（一）工具及器材

工作服、安全带、安全帽、防护鞋、手套、脚扣、防坠落设施。

（二）训练内容

脚扣登杆。

（三）训练步骤

1. 人员分工

登杆作业属于高处作业，按规程进行登杆作业时，地面应有配合作业人员和地面安全监护人。

登杆前，作业人员到达现场后，必须有负责人员进行明确的人员分工。每个工作人员必须穿工作服、穿工作鞋、戴安全帽和防护手套。

2. 检查杆根

在登杆前必须检查（水泥杆）杆根部是否牢固，如果发现问题应查明原因并采取安全措施后方可上杆，以免登上电杆后造成倒杆事故。

3. 检查登杆工具（脚扣）

使用前必须仔细检查脚扣有无断裂。是否腐蚀，脚扣皮带是否牢固可靠。若存在问题，则禁止使用；同时，还应仔细检查脚扣的安全试验标签是否在使用期限内，否则，也禁止使用。

4. 脚扣、安全带及后备保护绳冲击试验

登杆前应按规定对脚扣做人体冲击试验以检验其强度。将脚扣套在电杆上，离地0.5m左右处，借人力重量猛力向下登踩，在确认脚扣（包括脚套）无变形及任何损坏后方可使用。同时，将安全带、护杆带挂在电杆上，利用人体冲击对安全带做承力试验，确认脚扣和安全带的安全性能。

5. 登杆

将双手与脚套扣紧，左脚向上跨扣，将铁环完全套入电杆踩紧，左手同时向上扶住电杆。当左手左脚动作无误后再将右脚向上跨扣，再将铁环完全套入电杆踩紧，右手同时向上扶住电杆，必须特别注意两手的协调配合。

上杆后，为防止人体因失手而发生后仰造成人体坠落事故，人体应贴近电杆站稳。在上杆时将安全带套在电杆上，解开安全带、围杆带套入电杆后，重新将安全带在腰带上扎好，双手持安全带一次换脚顺势向上攀登。

上杆过程中应注意攀登一段时间后，适当调整脚扣环的大小，以防止因脚扣过大而出现失脚落杆的事故。

为防止人体因失手而发生后仰造成人体坠落事故，应在上杆时将安全带套在电杆上，双手持安全带顺势向上攀登。到达杆顶后，调整好分人及安全带的位置，站稳、扶好电杆准备进行杆上作业。

6. 下杆

下杆的过程与上杆相反，但和上杆一样，上杆的过程中必须始终注意手脚的协调配合。

准备下杆时，先将安全带撤出原工作点，重新在电杆上套好。向下跨扣，将铁环完全套入电杆踩紧套牢后，双手同时持安全带并扶住电杆，依次换脚向下跨扣，保持手脚协调一步一步地向下攀登。

下杆过程中同样应注意下落一段高度后，适当调整脚扣环的大小，同时注意安全带着力点的高度，以防止落杆事故的发生。

【任务小结】

本任务中，我们学习了电工常用工具使用相关知识，了解了电工安全防护用具的使用方法；通过技能训练，我们掌握了登杆技能。

【任务评价】

根据你本任务的学习表现情况，填写以下评价表。

表2-1-2　任务评价表

任务名称			
任务时间		组　号	
小组成员			
检查内容			
咨询			
（1）明确任务学习目标			是 □ 否 □
（2）查阅相关学习资料			是 □ 否 □
计划			
（1）分配工作小组			是 □ 否 □

续表

计划		
（2）自学安全操作规程		是 □ 否 □
（3）小组讨论安全、环保、成本等因素，制订学习计划		是 □ 否 □
（4）教师是否已对计划进行指导		是 □ 否 □
实施		
准备工作	（1）正确准备工具、仪表和器材	是 □ 否 □
	（2）具备常用电工工具使用相关知识	是 □ 否 □
技能训练	（1）正确使用常用电工工具	是 □ 否 □
	（2）正确进行登杆训练	是 □ 否 □
安全操作与环保		
（1）工装整洁		是 □ 否 □
（2）遵守劳动纪律，注意培养一丝不苟的敬业精神		是 □ 否 □
（3）注意安全用电		是 □ 否 □
（4）严格遵守本专业操作规程，符合安全文明生产要求		是 □ 否 □
你在本次任务中有什么收获？		
电工常用工具有哪些？		
登杆前需要做哪些准备工作？		
组长签名： 日期：		
教师审核：		
教师签名： 日期：		

【思考与练习】

（1）测电笔的使用有哪些注意事项？

（2）电工刀的使用有哪些注意事项？

（3）电工常用的攀高用具有哪些？常用的安全防护用具有哪些？

任务二　常用电工仪表使用

【任务导入】

电工仪表是监视与保证各类电气设备及电力线路实现安全经济运行的重要显示装置。在电力的产生、输送与使用的全过程中，它已成为必不可少的计量器具。许多电气参数都需由仪表测量和反映，因此，人们常把它比作电气、电力工业的"眼睛"。下面我们来学习几种常用的电工仪表使用方法。

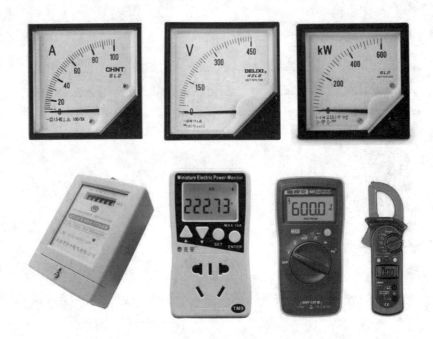

图 2-2-1　各种常用电工仪表外形

【学习目标】

知识目标：

(1) 认识各种常用电工仪表；

(2) 掌握各种常用电工仪表的使用方法。

技能目标：

（1）能够正确识别各种常用电工仪表；

（2）能够正确使用各种常用电工仪表测量电参量。

素质目标：

（1）培养学生做事认真、仔细，注重细节的习惯；

（2）培养学生爱护公物和实训设备，摆放东西规范有序的习惯；

（3）培养学生符合职业岗位要求的素养和团结协作精神。

【知识链接】

一、万用表

万用表是一种多功能、多量程的便携式电子电工仪表，一般的万用表可以测量直流电流、直流电压、交流电压和电阻等。有些万用表还可测量电容、电感、功率、晶体管共射极直流放大系数 hFE 等。所以，万用表是我们电子电工专业的必备仪表之一。

（一）万用表的分类

（1）按其内部结构划分，常用的万用表有指针式和数字式两种。指针式万用表是以机械表头为核心部件构成的多功能测量仪表，所测数值由表头指针指示读取；数字万用表所测数值由液晶屏幕直接以数字的形式显示，同时还带有某些语音的提示功能。

（2）按外形划分，有台式、钳形式、手持式和袖珍式等。

（3）各种常见万用表的外形如图 2-2-2 所示。

（a）台式万用表　　　　　　　　　　（b）指针式万用表

图 2-2-2　各种常见万用表外形

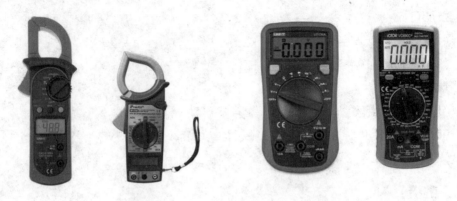

（c）钳形万用表　　　　　　　（d）数字式万用表

图 2-2-2　各种常见万用表外形（续）

（二）指针式万用表

指针式万用表的读数精度较数字式万用表稍差，但指针摆动的过程比较直观、明显，其摆动速度和幅度有时也能比较客观地反映被测量值的大小和方向。

1. 指针式万用表的结构

指针式万用表在结构上由三部分组成：指示部分（表头）、测量电路、转换装置。

（1）指示部分（表头）。表头用来指示被测量的数值，通常采用具有高灵敏度的磁电系仪表作为表头。表头的满刻度偏转电流较小，一般仅为几微安到几百微安。

在表头上并联一个适当的电阻（分流电阻）进行分流，就可以扩展电流量程。改变分流电阻的阻值，就能改变电流测量范围。

在表头上串联一个适当的电阻（倍增电阻）进行降压，就可以扩展电压量程。改变倍增电阻的阻值，就能改变电压的测量范围。

在表头上并联和串联适当的电阻，同时串接一节电池，使电流通过被测电阻，根据电流的大小可测量出电阻值。改变分流电阻的阻值，就能改变电阻的量程。

（2）测量电路。测量电路主要作用是把被测的电量转变成适合于表头指示用的电量。

（3）转换装置。转换装置通常由选择（转换）开关、接线柱、按钮、插孔等组成。

图 2-2-3 为 MF47 型万用表面板示意图。

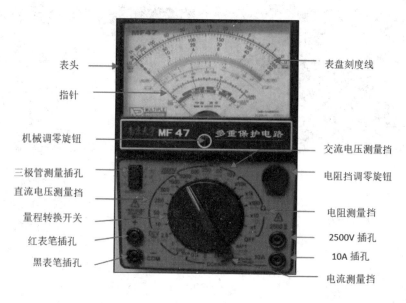

图 2-2-3　MF47 型万用表面板示意图

2. 指针式万用表的特点

（1）万用表的重要性能之一是灵敏度，表头的灵敏度是指表头指针由零刻度偏转到满刻度时，动圈中通过的电流值。灵敏度越高，对电工电子电路的测量准确度就愈高。

（2）内附电池通常有两块：一块为低电压的 1.5V；另一块是高电压的 9V 或 15V。其黑表笔所接的是表内电池的正极，而红表笔所接则是表内电池的负极。

（3）能够容许通过的电流是有限的。

3. 指针式万用表的使用

（1）使用前的检查与调整。在使用万用表进行测量前，应进行下列检查、调整：

1）外观应完好无破损，当轻轻摇晃时，指针应摆动自如。

2）旋动转换开关，应切换灵活无卡阻，挡位应准确。

3）水平放置万用表，转动表盘指针下面的机械调零螺丝，使指针对准标度尺左边的"0"位线。

4）测量电阻前应进行电调零（每换挡一次，都应重新进行电调零），如图 2-2-4 所示。即将转换开关置于欧姆挡的适当位置，红黑两支表笔短接，旋动欧姆调零旋钮，使指针对准欧姆标度尺右边的"0"位线。如指针始终不能指向"0"位线，则应更换电池。

图 2-2-4　欧姆调零

5）检查表笔插接是否正确。黑表笔应接"－"极或"＊"插孔，红表笔应接"＋"极。

－6）检查测量机构是否有效，即应用欧姆挡，短时碰触两表笔，指针应偏转灵敏。

（2）直流电阻的测量。

1）应断开被测电路的电源及连接导线。若带电测量，将损坏仪表；若在路测量，将影响测量结果。

2）合理选择量程挡位，以指针居中或偏右为最佳。测量半导体器件时，不应选用 R×1 挡和 R×10K 挡。

3）测量时表笔与被测电路应接触良好；双手不得同时触至表笔的金属部分，以防将人体电阻并入被测电路造成误差。

4）正确读数并计算出实测值。

5）切不可用欧姆挡直接测量微安表头、检流计、电池内阻。

（3）电压的测量。

1）测量电压时，表笔应与被测电路并联。

2）测量直流电压时，应注意极性。若无法区分正、负极，则先将量程选在较高挡位，用表笔轻触电路，若指针反偏，则调换表笔。

3）合理选择量程。若被测电压无法估计，先应选择最大量程，视指针偏摆情况再作调整。

4）测量时应与带电体保持安全间距，手不得触至表笔的金属部分。测量高电压时（500~2500V），应戴绝缘手套且站在绝缘垫上使用高压测试笔进行。

（4）电流的测量。

1）测量电流时，应与被测电路串联，切不可并联。

2）测量直流电流时，应注意极性。

3）合理选择量程。

4）测量较大电流时，应先断开电源然后再撤表笔。

指针式万用表的使用注意事项：

（1）测量过程中不得换挡。

（2）读数时，应三点呈一线（眼睛、指针、指针在刻度中的影子）。

（3）根据被测对象，正确读取标度尺上的数据。

（4）测量完毕应将转换开关置空挡或 OFF 挡或电压最高挡。若长时间不用，应取出内部电池。

（三）数字式万用表

数字式万用表的种类：按工作原理分，有比较型、积分型、V/T 型、复合型等；按使用方式和外形分，有台式、便携式、袖珍式、笔式和钳式等，其中袖珍式应用较普遍；按量程转换方式分，有自动量程转换和手动量程转换；按用途与功能分，有低档型、中档型和智能型。

1. 数字式万用表特点

与模拟式仪表相比，数字式仪表灵敏度高，准确度高，显示清晰，过载能力强，便于携带，使用方便。

2. 数字万用表面板与结构

如图 2-2-5 所示，UT51 型数字万用表的面板图包括 LCD 液晶显示器、电源开关、量程选择开关、表笔测试插孔等。面板功能说明如表 2-2-1 所示。

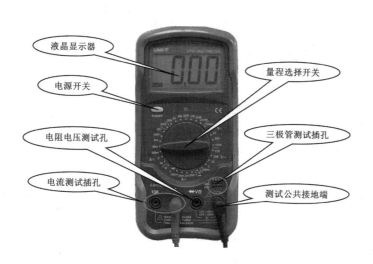

图 2-2-5　UT51 型数字万用表的面板图

表 2-2-1　面板功能说明

面板	功　　能
液晶显示屏	显示测量数据
电源开关	万用表开关
量程选择开关	用于选择和转换测量项目和量程："—A"—直流电流；"～A"—交流电流；"Ω"—电阻；"—V"—直流电压；"～V"—交流电压；"F"—电容
10A 插孔	电流测试红表笔插孔
测试公共接地端	黑表笔插孔
VΩ	测量电压与电阻时，红表笔插孔
三极管测试插孔	三极管检测的插孔

3. 数字式万用表的使用

（1）使用前的检查。

1）万用表水平放置；

2）电源开关置于 ON，即压下，检查电池电量是否充足；

3）正确插接表笔，检查万用表。

（2）使用方法。

1）测量交、直流电压（ACV、DCV）时，红、黑表笔分别接"V·Ω"与"COM"插孔，旋动量程选择开关至合适位置（200mV、2V、20V、200V、700V 或 1000V），红、黑表笔并接于被测电路（若是直流，注意红表笔接高电位端，否则显示屏左端将显示"−"）。此时显示屏显示出被测电压数值。若显示屏只显示最高位"1"则表示溢出，应将量程调高。

2）测量交、直流电流（ACA、DCA）时，红、黑表笔分别接"mA"（大于 200mA 时应接"10A"）与"COM"插孔，旋动量程选择开关至合适位置（2mA、20mA、200mA 或 10A），将两表笔串接于被测回路（直流时，注意极性），显示屏所显示的数值即为被测电流的大小。

3）测量电阻时，无须调零。将红、黑表笔分别插入"V·Ω"与"COM"插孔，旋动量程选择开关至合适位置（200、2K、200K、2M、20M），将两笔表跨接在被测电阻两端（不得带电测量），显示屏所显示数值即为被测电阻的数值。当使用 200MΩ 量程进行测量时，先将两表笔短路，若该数不为零，仍属正常，此读数是一个固定的偏移值，实际数值应为显示数值减去该偏移值。

4）进行二极管和电路通断测试时，红、黑表笔分别插入"V·Ω"与"COM"

插孔，旋动量程开关至二极管测试位置。正向情况下，显示屏即显示出二极管的正向导通电压，单位为 mV（锗管应在 200~300mV，硅管应在 500~800mV）；反向情况下，显示屏应显示"1"，表明二极管不导通，否则，表明此二极管反向漏电流大。正向状态下，若显示"000"，则表明二极管短路，若显示"1"，则表明断路。在用来测量线路或器件的通断状态时，若检测的阻值小于 30Ω，则表内发出蜂鸣声以表示线路或器件处于导通状态。

5）进行晶体管测量时，旋动量程选择开关至"h_{FE}"位置（或"NPN"或"PNP"），将被测三极管依 NPN 型或 PNP 型将 B、C、E 极插入相应的插孔中，显示屏所显示的数值即为被测三极管的"h_{FE}"参数。

6）进行电容测量时，将被测电容插入电容插座，旋动量程选择开关至"CAP"位置，显示屏所示数值即为被测电荷的电荷量。

数字式万用表的使用注意事项：

（1）当万用表的电池电量即将耗尽时，液晶显示器左上角会出现电池电量低提示。若有电池符号显示，此时电量不足，仍进行测量，测量值会比实际值偏高。

（2）若测量电流时没有读数，应检查熔丝是否熔断。

（3）测量完毕，应关上电源；若长期不用，应将电池取出。

（4）不宜在日光及高温、高湿环境下使用与存放（工作温度为 0~40℃，湿度为 80%）。使用时应轻拿轻放。

二、兆欧表

兆欧表也称绝缘摇表、绝缘电阻表，是一种测量大电阻的仪表，常用于测量变压器、电极、电缆等电气设备、电气线路和绝缘材料的绝缘电阻。一般的兆欧表主要由手摇直流发电机、磁电系比率表和测量线路组成。常用兆欧表外形、内部结构原理如图 2-2-6 所示。

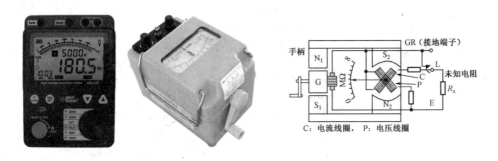

（a）外形图　　　　　　　　　　（b）内部结构原理图

图 2-2-6　常用兆欧表外形和内部结构原理图

1. 兆欧表的使用

（1）使用前检查。

1）检查兆欧表是否能正常工作。将兆欧表水平放置，空摇兆欧表手柄，指针应该指到"∞"处，再慢慢摇动手柄，使 L 和 E 两接线桩输出线瞬时短接，指针应迅速指向"0"。注意在摇动手柄时不得让 L 和 E 短接时间过长，否则将损坏兆欧表。

2）检查被测电气设备和电路，看是否已全部切断电。绝对不允许设备和线路带电时用兆欧表去测量。

3）测量前，应对设备和线路先行放电，以免设备或线路的电容放电危及人身安全和损坏兆欧表，这样还可以减少测量误差，同时注意将被测试点擦拭干净。

（2）兆欧表的正确使用。

1）兆欧表的接线。兆欧表上有三个接线柱，两个较大的接线柱上分别标有 E（接地端）、L（线路端），另一个较小的接线柱上标有 G（屏蔽端）。如图 2-2-7 所示。其中，L 接被测设备或线路的导体部分，E 接被测设备或线路的外壳或大地，G 接被测对象的屏蔽环（如电缆壳芯之间的绝缘层上）或不需测量的部分。兆欧表的操作方法如图 2-2-8 所示。

接地端子E ———　　　　　　　　　　　———— 线路端子L

———— 屏蔽端子G

图 2-2-7　Z25 型兆欧表接线端子

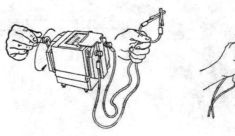
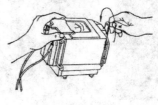

（a）校试兆欧表的操作方法　　　　　（b）测量时兆欧表的操作方法

图 2-2-8　兆欧表的操作方法示意图

2）照明及动力线路对地绝缘电阻的测量。如图 2-2-9 所示，将兆欧表接线柱 E 可靠接地，接线柱 L 与被测线路连接，按顺时针方向由慢到快摇动兆欧表的发电机手柄大约 1 分钟，待兆欧表指针稳定后读数。这时兆欧表指示的数值就是被测线路的对地绝缘电阻值，单位为兆欧。

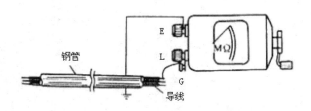

图 2-2-9　照明及动力线路对地绝缘电阻的测量

3）电动机的绝缘电阻测量。如图 2-2-10 所示，拆开电动机绕组的 Y 或 △ 形连接的接线，用兆欧表的两接线柱 E 和 L 分别接电动机的两相绕组。摇动兆欧表的发电机手柄读数，此接法测出的是电动机绕组的相间绝缘电阻。电动机对地绝缘电阻的测量接线如图 2-2-10（b）所示，接线柱 E 接电动机机壳（应清除机壳上接触处的漆或锈等），接线柱 L 接电动机绕组，摇动兆欧表的手柄读数，测量出电动机的对地绝缘电阻。

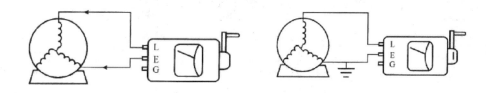

（a）电动机绕组相间绝缘电阻测量　　　　（b）电动机对地绝缘电阻测量

图 2-2-10　电动机的绝缘电阻测量

4）电缆绝缘电阻的测量。如图 2-2-11 所示，测量电缆芯线与外壳间的绝缘电阻时，将 E 接线柱接电缆外壳，L 接被测芯线，G 接电缆壳与芯之间的绝缘层上。摇动兆欧表的发电机手柄读数，测量结果就是电缆线芯与外壳的绝缘电阻值。

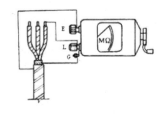

图 2-2-11　电缆绝缘电阻的测量

兆欧表的使用注意事项：

（1）仪表与被测物间的连接导线应采用绝缘良好的多股铜芯软线，而不能用双股绝缘线或绞线，且连接线间不得绞在一起，以免造成测量数据不准。

（2）手摇发电机要保持匀速，不可忽快忽慢使指针不停地摆动。

（3）测量过程中，若发现指针为零，说明被测物的绝缘层可能击穿短路，此时应停止继续摇动手柄。

（4）测量具有大电容的设备时，读数后不得立即停止摇动手柄，否则已充电的电容将对兆欧表放电，有可能烧坏仪表。

（5）温度、湿度、被测物的有关状况等对绝缘电阻的影响较大，为便于分析比较，记录数据时应反映上述情况。

2. 兆欧表的选用

兆欧表的常用规格有 250V、500V、1000V、2500 V 和 5000V 五种。选用兆欧表主要应考虑它的输出电压及其测量范围。一般高压电气设备和电路的检测需要使用电压高的兆欧表，而低压电气设备和电路的检测使用电压低一些的就足够了。

通常 500V 以下的电气设备和线路选用 500~1000V 的兆欧表，而瓷瓶、母线、刀闸等应选 2500V 以上的兆欧表。不同电压等级对绝缘的要求（20℃）见表 2-2-2，不同电压等级绝缘电阻测量对兆欧表的选用见表 2-2-3。

表 2-2-2　不同电压等级对绝缘的要求（20℃）

电压等级	绝缘要求
380V	0.5MΩ
3~10kV	300MΩ
20~kV	400MΩ
63~220kV	800MΩ
500kV	3000MΩ

表 2-2-3　不同电压等级绝缘电阻测量对兆欧表的选用

测量对象	测量对象的额定电压	兆欧表的额定电压
线圈绝缘电阻	<500V	500V
	≥500V	1000V
电力变压器、电机线圈绝缘电阻	≥500V	1000~2500V

测量对象	测量对象的额定电压	兆欧表的额定电压
发电机线圈绝缘电阻	≤380V	1000V
电气设备绝缘电阻	<500V	500~1000V
	>500V	2500V
绝缘子		250~2500V

三、钳形电流表

钳形电流表简称钳形表，其工作部分主要是由一只电磁式电流表和穿心式电流互感器组成。穿心式电流互感器铁芯制成活动开口，且成钳形，故名钳形电流表。

钳表是一种用于测量正在运行的电气线路的电流大小的仪表，可在不断电的情况下测量电流。在电气检修中使用非常方便，此种测量方式最大的益处就是可以测量大电流而不需关闭被测电路。

钳形电流表按显示方式分有指针式和数字式，如图2-2-12所示。按功能分主要有交流钳形电流表、多用钳形电流表、谐波数字钳形电流表、泄漏电流钳形表和交直流钳形电流表等几种。

（a）指针式钳形表　　　　（b）数字式钳形表

图2-2-12　指针式钳形表和数字式钳形表

1. 钳形电流表结构原理

图2-2-13为指针式钳形电流表结构示意图。钳形电流表的工作原理是建立在电流互感器工作原理的基础上，当握紧钳形电流表扳手时，电流互感器的铁芯可以张开，被测电流的导线进入钳口内部作为电流互感器的一次绕组。当放松扳手铁芯

闭合后，根据互感器的原理而在其二次绕组上产生感应电流，电流表指示出被测电流的数值。

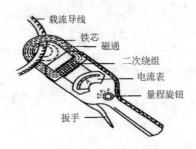

载流导线
铁芯
磁通
二次绕组
电流表
量程旋钮
扳手

图 2-2-13　指针式钳形电流表结构原理

2. 钳形电流表的使用

（1）使用钳形表测量前，应先估计被测电流的大小以合理选择量程；若无法估计，应从最大量程开始测量，逐步变换。

（2）使用钳形表时，被测载流导线应放在钳口内的中心位置，以减小误差；钳口的结合面应保持接触良好，若有明显噪声或表针振动厉害，可将钳口重新开合几次或转动手柄；在测量较大电流后，为减小剩磁对测量结果的影响，应立即测量较小电流，并把钳口开合数次；测量较小电流时，为使该数较准确，在条件允许的情况下，可将被测导线多绕几圈后再放进钳口进行测量（此时的实际电流值应为仪表的读数除以导线的圈数）。

（3）使用时，将量程开关转到合适位置，紧握扳手，打开铁芯。将被测导线从铁芯缺口引入到铁芯中央，然后放松扳手，铁芯即自动闭合。被测导线的电流在铁芯中产生交变磁通，表内感应出电流，即可直接读数。

（4）在较小空间内（如配电箱等）测量时，要防止因钳口的张开而引起相间短路。

钳形电流表的使用注意事项：

（1）被测线路的电压要低于钳表的额定电压。

（2）测高压线路的电流时，要戴绝缘手套，穿绝缘鞋，站在绝缘垫上。

（3）钳口要闭合紧密不能带电换量程。

（4）如果测试笔或电源适配器破损需要更换电，必须换上同样型号和相同电气规格的测试笔和电源适配器。

（5）电池指示器批示电能耗尽时，不要使用仪器。若长时间不使用仪器，请将电池取出后存放。

（6）不要在高温、高湿、易燃、易爆和强电磁场环境中存放或者使用本仪器。

（7）请使用湿布或者清洁剂清洗仪器外壳，请勿使用摩擦物或溶剂。仪器潮湿时，请先干燥后再存放。

四、电能表

电作为一种最重要的能源，与我们的生活紧密相连。电从发电厂输送到用户，中间要经过多级输电线路和配电装置。为了计量在产、供、销各个环节中流通的电能数量，使经济核算更准确、生产调度更合理，线路装设了大量的电能计量装置，用于计量发电量、厂用电量、供电量和销售电量等。这种电能计量装置就是电能表，如图 2-2-14 所示。

（一）电能表的分类

按功能及用途分为有功电能表、无功电能表、多功能电能表、铜损表、铁损表等；按电源相数分为单相电能表和三相电能表；按工作原理可分为感应式、电子式、机电式等。在小容量照明配电板上，大多使用单相电能表。

图 2-2-14　各种电能表外形

（二）单相电能表的认识与使用

1. 单相电能表的组成

单相电能表外形如图 2-2-15 所示。当用户的用电设备工作时，其面板窗口中的铝盘将转动，带动计数机构在其机械式计数器窗口中显示出读数。电路中的负载越重，铝盘旋转越快，用电也越多。

单相电能表一般是采用电磁感应原理制成的，因此叫感应系电能表。单相电能表的结构示意图如图 2-2-16 所示，其主要由驱动部分、转动部分、制动部分、计算机构组成。

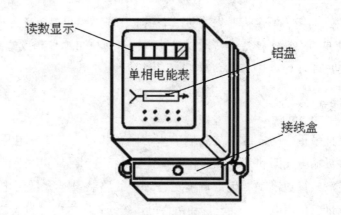

图 2-2-15　单相电能表外形

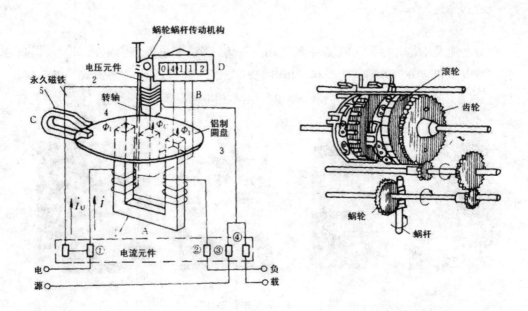

（a）感应系电能表的结构示意图　　（b）计度机构示意图

图 2-2-16　　单相电能表结构示意图

（1）驱动部分。由电流部件和电压部件组成，用来将交变的电流和电压转变为交变的磁通，切割转盘形成转动力矩，使转盘转动。

（2）转动部分。由铝制圆盘和转轴等部件组成，它能在驱动部件所建立的交变磁场作用下连续转动。

（3）制动部分。由制动永久磁铁和铝盘等部件组成，其作用是在转盘转动时产生制动力矩，使转盘转速与负载的功率大小成正比，从而使电能表能反映出负载所消耗的电能。

（4）计算机构。由一套计数装置组成，用来计算电能表转盘的转数，以显示所测定的电能。

以上的四个部分称为一套电磁系统。单相电能表具有一套电磁系统，又叫单元件电能表；具有两套电磁系统的三相电能表称为二元件三相电能表（两套电磁系统共用一个计算机构）；具有三套电磁系统的三相电能表称为三元件三相电能表（三套电磁系统共用一个计算机构）。

电能表的潜动是指负载电流为零时电能表的转动。按规定电能表在线路电压为额定电压的80%和110%时，铝盘的潜动不应超过一圈。

2. 单相电能表工作原理

根据电磁感应原理，当交流电流通过电能表的电流线圈和电压线圈时，在线圈中会产生交变磁通，该磁通穿过铝盘时，在铝盘上产生涡流，而这些涡流又与交变磁通相互作用产生电磁力矩，驱动铝盘转动。同时，转动的铝盘又在制动磁铁的磁场中，也会在铝盘中产生涡流，制动磁铁的磁场与这个涡流相互作用，又产生了制动力矩，制动力矩的大小与铝盘的转速成正比。当转动力矩与制动力矩平衡时，铝盘以稳定的速度转动。其转速与被测负载的功率大小成正比，根据其转速的大小可测量出负载所消耗的电能。

3. 单相电能表接线方式

单相电能表主要用来测量单相电能，每个电能表的下部都有一个接线盒，接线盒内设有四个引出线端钮，如图2-2-17所示。电压线圈的首端⑤与电流线圈的首端①在出厂时已在接线盒中连好。电能表的接线盒盖上一般都有电路接线图，其直入式接线方法有：跳入式、顺入式，其接线原理如图2-2-18和图2-2-19所示。目前所用电能表的接线方式多数为跳入式。

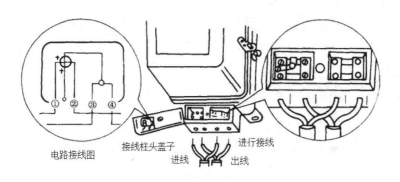

图2-2-17　单相电能表的接线方法（跳入式）

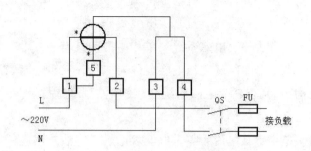

图 2-2-18　单相电能表跳入式接线原理图

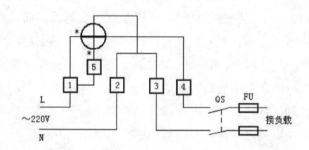

图 2-2-19　单相电能表顺入式接线原理图

4. 单相电能表接线要求

（1）接线前，检查电能表的型号、规格应与负荷的额定参数相适应；检查电能表的外观应完好。

（2）根据给定的单相电能表测定或核实其接线端子。具体做法是：用万用表的×100 或×1K 挡，测定哪两个端子接同一个线圈，且测出该线圈的电阻值；根据电阻值的大小，区分出电压线圈和电流线圈。电压线圈导线细，匝数多，电阻大，一般额定电压 220V 的电能表的电压线圈的直流电阻为 $800 \sim 1200\Omega$。电流线圈导线粗，匝数少，电阻小，一般万用表指示为 0Ω。

（3）与电能表连接的导线必须使用铜芯绝缘导线，导线的截面积应能满足导线的安全载流量及机械强度的要求。

（4）极性要正确：相线是 1 进 3 出，零线是 2 进 4 出，在接线盒里端子的排列顺序，总是左为首端 1，右为尾端 4。

（5）电能表的电压联片（电压小钩）必须连接牢固。

（6）在低压大电流线路中测量电能，电能表须通过电流互感器将电流变小后接入。

5. 单相电能表的读数

使用单相电能表计算用户消耗的电能时，应将用户这一次电能表的读数减去上一次电能表的读数，差值即为在这一段时间内用户消耗的电能。

6. 单相电能表的正确使用

（1）选择电能表的类型：根据任务要求，适当选择电能表的类型。单相用电时（一般家庭为此种用电），选用单相电能表；三相用电时选用三相四线、三相三线电能表，除成套配电设备外，一般不采用三相三线制电能表。

（2）选择电能表的额定电压、额定电流：电能表铭牌上都标有额定电压和额定电流，使用时，要根据负载的最大电流、额定电压以及要求测量的准确度选择电能表的型号。应使电能表的额定电压与负载的额定电压相符。而电能表的额定电流应大于或等于负载的最大电流。

【技能训练】

万用表的使用

（一）工具、仪表及器材

指针式万用表、数字式万用表、白炽灯及灯座、导线、开关、干电池等。

（二）训练内容

使用万用表测量电路中的电位、电压和电阻。

（三）训练步骤

1. 电位、电压测量

按照图 2-2-20 组装连接电路，再分别测试 A、B、C 各点的电位及相互间的电压，并做好记录。

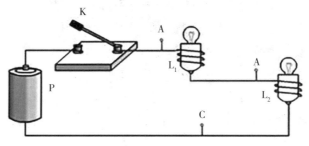

图 2-2-20　测试电路图

（1）量程的选择。将红、黑表插入对应的插孔中，选择开关旋至直流电压挡相应的量程进行测量，如图 2-2-21 所示。如果不知道被测电压的大致数值，需将选择开关旋至直流电压挡最高量程上预测，然后再旋至直流电压挡相应的量程上进行测量。

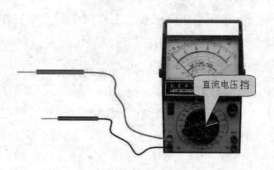

图 2-2-21　表笔接入与量程选择示意图

（2）电位测量。选择 C 点为电位参考点，将指针式万用表与被测电路并联，黑表笔接参考点，红表笔接被测量点，如图 2-2-22 所示。

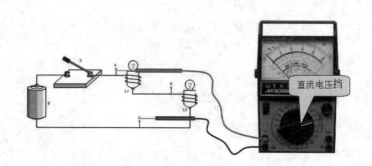

图 2-2-22　测量 A 点电位示意图

（3）电压测量。注意电压测试时，红表笔接高电位、黑表笔接低电位（不清楚的情况下，可以先接好其中任意一表笔，另一表笔轻轻碰一下测量点，看表笔的偏转情况，如果反偏，表示接反）。

（4）读数。根据所选择的量程来选择刻度读数。

（5）记录测量值。将测量的 A、B、C 三点的电位值以及相互间的电压值分别记入表 2-2-4、表 2-2-5 中。

表 2-2-4 测量电压记录表

测试对象	V_A	V_B	V_C
测量电位值			

表 2-2-5 测量电压记录表

测试对象	V_{AB}	V_{BC}	V_{AC}
测量电压值			

（6）清理现场。

1）测量完毕，需将挡位开关打在 OFF 位置或打在交流电压 1000V 挡。

2）检查并收好万用表并妥善保管。

3）清理现场物品。

2. 电阻测量

（1）如图 2-2-23 所示，观察电阻上色环的颜色，用目视法读出电阻的阻值，写在电阻插放对应的地方。

（2）平放数字万用表，插入红、黑表笔，红笔插入 "VΩ" 插孔，黑表笔插入 "COM" 插孔。

（3）将万用表量程选择开关置于相近的量程 Ω 挡位，极少大于被测电阻阻值的挡位。

（4）将万用表两表笔分别接至电阻两引脚，观察记录显示屏读数并记入表 2-2-6 中。

（5）如果被测电阻超过所在量程，屏幕会显示 "1" 或 "OL"，应换用高挡位量程。

（6）用 MF47 型万用表重复测量电阻，将测得数值记录在表 2-2-6 中。

（7）分析表 2-2-6 中数据。

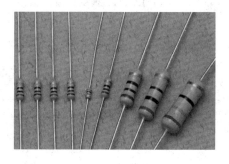

图 2-2-23 各种色环电阻

表 2-2-6 测量记录表

测量方法	R1	R2	R3	R4	R5	R6	R7	R8	R9
目视法测量结果									
数字万用表测量结果									
MF47 型万用表测量结果									
比较分析									

（8）清理现场。

1）测量完毕后，关闭数字万用表电源，拔出万用表表笔。

2）检查并收好数字万用表并妥善保管。

3）清理现场物品。

钳形电流表的使用

（一）工具、仪表及器材

钳形电流表。

（二）训练内容

使用钳形电流表测量交流电流。

（三）训练步骤

1. 用前检查

外观检查：各部位应完好无损；钳把操作应灵活；钳口铁芯应无锈、闭合应严密；铁芯绝缘护套应完好；指针应能自由摆动；挡位变换应灵活、手感应明显。

调整：将表平放，指针应指在零位，否则调至零位。

2. 选择适当的挡位

选挡的原则：

已知被测电流范围时：选用大于被测值，并选与之最接近的那一挡。

不知被测电流范围时：可先置于电流最高挡试测（或根据导线截面，并估算其安全载流量，适当选挡）、根据测试情况决定是否需要降挡测量（注意：换量程时应先将导线自钳口内退出，换挡后再钳入导线测量）。总之，应使表针的偏转角度尽可能地大。

3. 测量电流

测试人应戴手套, 将表平端, 张开钳口, 使被测导线进入钳口后再闭合钳口。被测导线应位于钳口内空间部位的中央, 钳口应紧密闭合; 测完大电流后, 在测小电流之前, 应开闭钳口数次进行去磁; 如果在测量小电流时, 在最低挡位上测量, 表针的偏转角度仍很小 (表针的偏转角度小, 意味着其测量的相对误差大), 允许将导线在钳口铁芯上缠绕几匝, 闭合钳口后读取读数。这时导线上的电流值=读数÷匝数 (匝数的计算: 钳口内侧有几条线, 就算作几匝), 如图 2-2-24 所示。

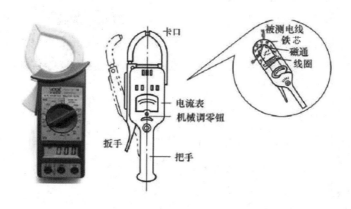

图 2-2-24　钳形表测量电流

4. 记录测量结果

读数: 根据所使用的挡位, 在相应的刻度线上读取读数 (注意: 挡位值即是满偏值)。

5. 维护保养

使用后, 退出被测导线, 将挡位置调于电流最高, 以免下次使用时不慎损坏仪表。

兆欧表的使用

(一) 工具仪表及器材

兆欧表。

(二) 训练内容

用兆欧表测量电机的绝缘电阻。

（三）训练步骤

1. 选用摇表

选用摇表电压等级时应注意，测 500V 以下低压电气设备的绝缘电阻，用额定电压 500V 的摇表。

2. 测前检查

测量前先将摇表进行一次开路和短路试验，检查摇表是否良好。试验时先将两连接线开路，摇动手柄，指针应指在"∞"位置，然后将两连接线短路一下，轻轻摇动手柄，指针应指"0"，否则说明摇表有故障，需要检修。

被测对象的表面应清洁、干燥，以减小误差。在测量前必须切断电源，并将被测设备充分放电，以防止发生人身和设备事故，得到精确的测量结果。

3. 测量

测量时，应把摇表放平稳。L 端接被测物，E 端接地，摇动手柄的速度应由慢逐渐加快，并保持速度在 120r/min 左右。如果被测设备短路，指针摆到"0"点应立即停止摇动手柄，以免烧坏仪表。具体步骤如下：

（1）将电动机接线盒内 6 个端头的联片拆开。

（2）把兆欧表放平，先不接线，摇动兆欧表。表针应指向"∞"处，再将表上有"l"（线路）和"e"（接地）的两接线柱用带线的试夹短接，慢慢摇动手柄，表针应指向"0"处。

（3）测量电动机三相绕组之间的电阻。将两测试夹分别接到任意两相绕组的任一端头上，平放摇表，以每分钟 120 转的匀速摇动兆欧表 1 分钟后，读取表针稳定的指示值。

（4）用同样方法，依次测量每相绕相与机壳的绝缘电阻值。但应注意，表上标有"e"或"接地"的接线柱，应接到机壳上无绝缘的地方。

4. 读数

读数的时间以摇表达到一定转速 1 分钟后读取的测量结果为准。

5. 记录数据

记录测量结果时，还需记录对测量结果有影响的环境条件，如温度、湿度、摇表电压等级、量程、编号和被测物状况等。

6. 测后工作

拆线时先将被测设备对地短路放电再停止摇表的转动。未放电前禁止用手触及被测物或直接进行拆线工作，以防触电。

单相电能表的使用

（一）工具、仪表及器材

单相电能表、螺丝刀（一字、十字）、剥线钳、万用表、白炽灯及灯座、导线、开关。

（二）训练内容

（1）用万用表测量单相电能表端子之间的电阻。

（2）按图 2-2-25 单相电能表原理接线图接线。

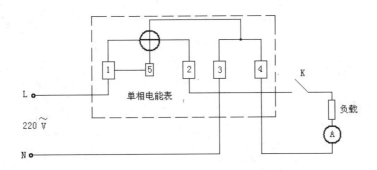

图 2-2-25　单相电能表的原理接线图

【任务小结】

本任务中，我们学习了电工常用仪表的基本结构、工作原理与使用等知识，通过技能训练，进一步掌握各种常用仪表的使用方法。

【任务评价】

根据你对本任务的学习和表现情况，填写以下评价表。

表 2-2-7 任务评价表

任务名称			
任务时间		组 号	
小组成员			
检查内容			
咨询			
（1）明确任务学习目标			是 □ 否 □
（2）查阅相关学习资料			是 □ 否 □
计划			
（1）分配工作小组			是 □ 否 □
（2）自学安全操作规程			是 □ 否 □
（3）小组讨论安全、环保、成本等因素，制订学习计划			是 □ 否 □
（4）教师是否已对计划进行指导			是 □ 否 □
实施			
准备工作	（1）正确准备工具、仪表和器材		是 □ 否 □
	（2）正确识读仪表使用电路原理图		是 □ 否 □
技能训练	（1）正确使用万用表		是 □ 否 □
	（2）正确使用钳形电流表		
	（3）正确使用兆欧表		
	（4）正确使用单相电能表		是 □ 否 □
安全操作与环保			
（1）工装整洁			是 □ 否 □
（2）遵守劳动纪律，注意培养一丝不苟的敬业精神			是 □ 否 □
（3）注意安全用电，做好电气设备的保养措施			是 □ 否 □
（4）严格遵守本专业操作规程，符合安全文明生产要求			是 □ 否 □
你在本次任务中有什么收获?			

续表

万用表使用注意事项有哪些？	
钳形电流表主要能在什么情况下测量交流电流？	
如何使用兆欧表测量绝缘电阻？	
组长签名：	日期：
教师审核：	
教师签名：	日期：

【思考与练习】

（1）针式万用表不使用时选择开关应如何放置？

（2）钳形电流表使用注意事项有哪些？

（3）如何使用兆欧表测量电动机的绝缘电阻？兆欧表的使用注意事项有哪些？

（4）单相电能表接线注意事项有哪些？

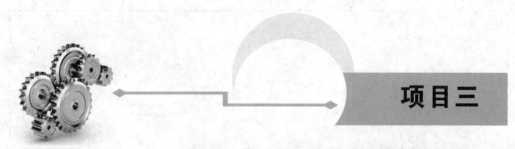

项目三

电工常用材料和低压电器

任务一　常用电工材料

【任务导入】

在电气工程中，常常要用到各种电工材料（见图 3-1-1）。那么电工材料究竟有哪些种类？它们均有什么特点和用途呢？在电气工程施工作业中，电气作业人员是如何选用电工材料的呢？

图 3-1-1　常用电工材料

【学习目标】

知识目标:

(1) 了解电工材料的种类和用途;

(2) 掌握导电材料和绝缘材料的性能;

(3) 掌握导电材料和绝缘材料的选用方法。

技能目标:

(1) 能正确识别各种导电材料;

(2) 能正确选用导电材料;

(3) 能正确识别各种常用绝缘材料。

素质目标:

(1) 培养学生做事认真、仔细,注重细节的习惯;

(2) 培养学生爱护公物和实训设备,摆放东西规范有序的习惯;

(3) 培养学生符合职业岗位要求的素养和团结协作精神。

【知识链接】

常用电工材料一般分为导电材料、绝缘材料、电热材料和磁性材料四类。本任务主要介绍导电材料和绝缘材料基础知识。

一、导电材料

导电材料一般是指专门用于传导电流的材料,主要用于构建电网和各类电工产品中电能传输。导电材料大部分是金属,其特点是导电性好,有一定的机械强度,不易氧化和腐蚀,容易加工和焊接。金属中导电性能最佳的是银,其次是铜、铝;但银的价格比较昂贵,因此只在比较特殊的场合才使用,一般都将铜和铝用作主要的导电金属材料。

常用金属材料的电阻率及电阻温度系数如表 3-1-1 所示。

表 3-1-1　常用金属材料的电阻率及电阻温度系数

材料名称	20℃时的电阻率/$\Omega \cdot m$	电阻温度系数/$℃^{-1}$
银	1.6×10^{-5}	0.00361
铜	1.72×10^{-8}	0.0041
金	2.2×10^{-8}	0.00365

续表

材料名称	20℃时的电阻率/Ω·m	电阻温度系数/℃⁻¹
铝	2.9×10^{-8}	0.00423
钼	4.77×10^{-8}	0.00478
钨	5.3×10^{-8}	0.005
铁	9.78×10^{-8}	0.00625
康铜（铜54%，镍46%）	50×10^{-8}	0.00004

（一）铜、铝和电线电缆

1. 铜

铜的导电性能好，在常温时有足够的机械强度，具有良好的延展性，便于加工，化学性能稳定、不易氧化和腐蚀、容易焊接，因此广泛用于制造变压器、电机和各种电器的线圈。

2. 铝

铝的导电性能较好，延展性良好，不易氧化，不容易焊接。同样长度的两根导线，若要求它们的电阻值一样，则铝导线的截面约是铜导线的1.69倍。

3. 电线电缆

电线电缆是一类用于传输电能和实现电磁能转换的线材。一般将芯数少、直径小、结构简单的电传输线称为电线。其他的称为电缆。电线电缆类型有裸导线、电磁线、电力电缆、电气设备用电线电缆、通信电缆五大类。

（1）裸导线。如图3-1-2所示，裸导线只有导体部分，没有绝缘和护层结构。按产品的形状和结构不同，裸线分为圆单线、软绞线、型线和裸绞线四种。修理电机电器时经常用到的是软接线和型线。

图3-1-2 裸导线

1）软接线。软接线是由多股铜线或镀锡铜线绞合编织而成的，其特点是柔软、耐振动、耐弯曲。主要用于振动弯曲场合。常用软接线的品种见表3-1-2。

表3-1-2 常用软接线品种

名称	型号	主 要 用 途
裸铜电刷线 软裸铜电刷线	TS TS	供电机、电器线路电刷用
裸铜软绞线	TRJ TRJ-3 TRJ-4	移动式电气设备连接线，如开关等 要求较柔软的电气设备连接线，如接地线、引出线等 供要求特别柔软的电气设备连接线用，如晶闸管的引线等
软裸铜编织线	TRZ	移动式电气设备和小型电炉连接线

2）型线。型线是非圆形截面的裸电线，其常用品种见表3-1-3。

表3-1-3 常用型线品种

类别	名称	型号	主 要 用 途
扁线	硬扁铜线 软扁铜线 硬扁铝线 软扁铝线	TBV TBR LBV LBR	适用于电机电器、安装配电设备及其他电工制品
母线	硬铜母线 软铜母线 硬铝母线 软铝母线	TMV TMR LMV LMR	适用于电机电器、安装配电设备及其他电工制品，也可用于输配电的汇流排
铜带	硬铜带 软铜带	TDV TDR	适用于电机电器、安装配电设备及其他电工制品
铜排	梯形铜排	TPT	制造直流电动机换向器用

（2）电磁线。电磁线应用于电机电器及电工仪表中，作为绕组或元件的绝缘导线。常用电磁线的导电线芯有圆线和扁线两种，目前大多采用铜线，很少采用铝线。

由于导线外面有绝缘材料，因此电磁线有不同的耐热等级。常用的电磁线有漆包线和绕包线两类。

1）漆包线。漆包线的绝缘层是漆膜，广泛应用于中小型电机及微电机、干式变压器和其他电工产品中。

2）绕包线。绕包线用玻璃丝、绝缘纸或合成树脂薄膜等紧密绕包在导电线芯上，形成绝缘层；也有在漆包线上再绕包绝缘层的。

3）电机电器用绝缘电线。常用的绝缘电线型号、名称和用途见表3-1-4。

表3-1-4　常用的绝缘电线型号、名称和用途

型号	名　称	用途
BLXF	铝芯氯丁橡胶线	适用于交流额定电压500V以下或直流1000V以下的电气设备及照明装置
BXF	铜芯氯丁橡胶线	
BLX	铝芯橡胶线	
BX	铜芯橡胶线	
BXR	铜芯橡胶软线	
BV	铜芯聚氯乙烯绝缘电线	适用于各种交流、直流电器装置、电工仪器仪表、电信设备、动力及照明线路固定敷设
BLV	铝芯聚氯乙烯绝缘电线	
BVR	铜芯聚氯乙烯绝缘软电线	
BVV	铜芯聚氯乙烯、绝缘聚氯乙烯护套圆形电线	
BLVV	铝芯聚氯乙烯、绝缘聚氯乙烯护套电线	
BVVB	铜芯聚氯乙烯、绝缘聚氯乙烯护套平形电线	
BLVVB	铝芯聚氯乙烯、绝缘聚氯乙烯护套平形电线	
VB-105	铜芯耐热105℃聚氯乙烯绝缘电线	
RV	铜芯聚氯乙烯绝缘软线	适用于各种交流、直流电器、电工仪器、家用电器、小型电动工具、动力及照明装置等的连接
RVB	铜芯聚氯乙烯绝缘平行软线	
RVS	铜芯聚氯乙烯绝缘绞形软线	
RVV	铜芯聚氯乙烯、绝缘聚氯乙烯护套圆形连接软电线	
RVVB	铜芯聚氯乙烯、绝缘聚氯乙烯护套平形连接软电线	
RV-105	铜芯耐热105℃聚氯乙烯绝缘连接软电线	

续表

型号	名　　称	用途
RFB RFS	复合物绝缘平形软线 复合物绝缘绞形软线	适用于交流额定电压 250V 以下或直流 500V 以下的各种移动电器、无线设备和照明灯座接线
RXS RX	橡胶绝缘棉纱编织软电线	适用于交流额定电压 300V 以下的电器、仪表、家用电器及照明装置

（3）电气设备用电线电缆。如图 3-1-3 所示，电气设备用电线电缆是指用于一般电气设备的带绝缘层的导线的总称。线芯为铜、铝；绝缘层、内外护套一般为聚乙烯、聚氯乙烯、橡胶；户外用有铠装。信号用有屏蔽。

图 3-1-3　电气设备用电线电缆

常用电气设备用电线电缆有橡皮绝缘电线、塑料绝缘电线、耐热电线、屏蔽电缆、通用电缆等。

（4）电力电缆。电力电缆是指用于高低压输电、配电网的带绝缘层的导线。用于在市区、厂区及不便用架空输电线的场合。电力电缆线芯一般为铜、铝；绝缘层、内外护套一般为聚乙烯、聚氯乙烯、橡胶。芯数有 1、2、3、3+1、4、4+1 等。

1）电力电缆特点：承受电压高；传输电功率大、电流大。

2）电力电缆类型有：油浸纸质绝缘电缆、塑料（聚氯乙烯）绝缘电力电缆、橡胶绝缘电力电缆等。

（5）通信电缆。通信电缆是指用于传输电话、广播、电视、数据等电信用的绝缘电缆，多用于地下埋管敷设。如图 3-1-4 所示。

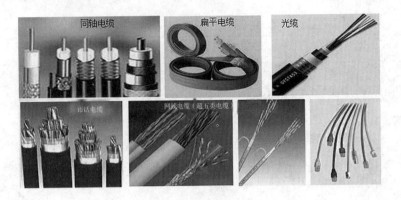

图 3-1-4　通信电缆

1）通信电缆特点：承受电压低、传输电功率小、频率高、芯数多。

2）通信电缆类型：市内通信电缆（对称电缆）、长途对称电缆、干线电缆、纤维光缆。

（二）特殊导电材料

1. 电热材料

电热材料用于制造各种电阻加热设备中的发热元件，可作为电阻接到电路中，把电能转变为热能，使加热设备的温度升高。对电热材料的基本要求是电阻系数高，加工性能好，特别是能长期处于高温状态下工作，因此要求电热材料在高温时具有足够的机械强度和良好的抗氧化性能。目前工业上常用的电热材料可分为金属电热材料和非金属电热材料两大类，如表 3-1-5 所示。

表 3-1-5　常用电热材料的种类和特性

类别		品种	最高使用温度（℃）	应用范围	特点
金属电热材料	铁基合金	Cr13AL4	950	应用广泛，适用于大部分中高温工业电阻炉	电阻率比镍基类高，抗氧化性好，比重轻，价格较低，有磁性，高温强度不如镍基合金
		Cr25AL5	1250		
		Cr13AL6Mo2	1250		
		Cr21AL6Nb	1350		
		Cr27AL17Mo2	1400		
	镍基合金	Cr15Ni60	1150	适用于 1000℃ 以下的中温电阻炉	高温强度高，加工性好，无磁性，价格较高，耐温较低
		Cr20Ni80	1200		
		Cr30Ni70	1250		

类别		品种	最高使用温度（℃）	应用范围	特点
金属电热材料	重金属	钨 W 钼 Mo	2400 1800	适用于较高温度的工业炉	价格较高，须在惰性气体或真空条件下使用
	贵金属	铂	1600	适用于特殊高温要求的加热炉	价格较高，可在空气中使用
非金属电热材料	石墨	C	3000	广泛应用于真空炉等高温设备	电阻温度系数大，需配调压器，在真空中使用
	碳化硅	SiC	1450	常制成器件使用	高温强度高，硬而脆，易老化
	二氧化钼	$MoSi_2$	1700		抗老化性好，不易老化，耐急冷、急热性差

2. 电阻合金

电阻合金是制造电阻元件的主要材料之一。广泛应用于电机、电器、仪器及电子等设备中。电阻合金除了必须具备电热材料的基本要求以外，还要求电阻的温度系数低，阻值稳定。电阻合金按其主要用途可分为调节元件用、电位器用、精密元件用及传感元件用四种，这里仅介绍前面两种。

（1）调节元件用电阻合金。主要用于电流（电压）调节与控制元件的绕组，常用的有康铜、新康铜、镍铬、镍铬铝等，它们都具有机械强度高、抗氧化性能好及工作温度高等特点。

（2）电位器用电阻合金。主要用于各种电位器及滑线电阻，一般采用康铜、镍铬基合金和滑线锰铜。滑线锰铜具有抗氧化性能好、焊接性能好、电阻温度系数低等特点。

二、绝缘材料

绝缘材料的主要作用是隔离带电的或不同电位的导体，使电流能按预定的方向流动。绝缘材料大部分是有机材料，其耐热性、机械强度和寿命比金属材料低得多。

固体绝缘材料的主要性能指标有以下几项：

（1）击穿强度。

（2）绝缘电阻。

（3）耐热性。

（4）黏度、固体含量、酸值、干燥时间及胶化时间。

（5）机械强度。根据各种绝缘材料的具体要求，相应规定抗张、抗压、抗弯、抗剪、抗撕、抗冲击等各种强度指标。

（一）绝缘材料的种类和型号

按照材料的物理形态，电工绝缘材料分气体、液体和固体三大类。固体绝缘材料按其应用或工艺特征又可划分为六类，见表3-1-6。

表3-1-6　固体绝缘材料的分类

分类代号	分类名称	分类代号	分类名称
1	漆、树脂和胶类	4	压塑料类
2	浸渍纤维制品	5	云母制品类
3	层压制品类	6	薄膜、粘带和复合制品类

为了全面表示固体电工绝缘材料的类别、品种和耐热等级，用四位数字表示绝缘材料的型号：

第一位数字为分类代号，以表3-1-6中的分类代号表示；

第二位数字表示同一分类中的不同品种；

第三位数字为耐热等级代号；

第四位数字为同一种产品的顺序号，用以表示配方、成分或性能上的差别。

（二）气体绝缘材料

常用绝缘气体及其特点见表3-1-7。

表3-1-7　常用绝缘气体及其特点

气体绝缘材料种类	特　点
空气	电阻率：$10^{16}\Omega \cdot m$（高） 直流击穿场强：3.3kV/mm（偏低） 不燃不爆，物理化学性质稳定，无须制备 降低空气压力、湿度，减少电极尖锐，可提高击穿场强
六氟化硫	不燃不爆，无色无臭 绝缘性能高、击穿场强大（空气2.2~2.5倍） 灭弧能力强（空气100倍） 热稳定性、化学稳定性好

（三）液体绝缘材料

1. 绝缘油

如图 3-1-5 所示，绝缘油有矿物油（石油炼成品）、合成油两类。与气体相比，其击穿场强高、传热好，用来隔离绝缘电器件、导热冷却双重作用。常用于电力变压器、少油断路器、高压电缆、油浸纸电容器。

常用变压器油 DB、开关油 DV、电容器油 DD、电缆油 DL 等，其击穿场强分别达到 16~23kV/mm。

图 3-1-5 绝缘油

绝缘油使用注意事项：

在贮存、运输和运行过程中，防止绝缘油污染和老化。主要措施：用氮气隔离，防止接触空气氧化；使用干燥剂防止吸收潮气，防止日光照射，加装散热管防止设备过热使油裂解。变压器在检修时要对绝缘油进行过滤净化。

2. 绝缘漆

绝缘漆（见图 3-1-6）按使用范围可分为浸渍漆、漆包线漆、覆盖漆、硅钢片漆四类。

（1）浸渍漆。浸渍漆主要用来浸渍电机、电器的线圈和绝缘零部件，以填充其间隙和微孔，提高它们的电气及力学性能。常用的浸渍漆有：醇酸浸渍漆、三氯氰

图 3-1-6 绝缘漆

胺醇酸浸渍漆、油改性聚酯浸渍漆、有机硅浸渍漆。

（2）漆包线漆。用于漆包线芯的涂覆绝缘。主要有聚酯漆包线漆和聚氨酯漆包线漆。

（3）覆盖漆。覆盖漆有清漆和磁漆两种，用来涂覆经浸渍处理后的线圈和绝缘零部件，在其表面形成连续而均匀的漆膜，作为绝缘保护层，以防止机械损伤以及受大气、润滑油和化学药品的侵蚀。常用的覆盖漆有：醇酸漆、醇酸磁漆、环氧酯漆、环氧酯磁漆、有机硅磁漆等。

（4）硅钢片漆。硅钢片漆被用来覆盖硅钢片表面，以降低铁心的涡流损耗，增强防锈及耐腐蚀能力。常用的油性硅钢片漆具有附着力强、漆膜薄、坚硬、光滑、厚度均匀、耐油、防潮等特点。

（四）固体绝缘材料

固体绝缘材料是用以隔绝不同导电体的固体。与液体绝缘材料相比，固体绝缘材料由于密度较高，因而击穿强度要高得多。

固体绝缘材料可分为有机、无机两类。有机固体绝缘材料包括绝缘胶、绝缘纤维制品、塑料、橡胶、漆布漆管及绝缘浸渍纤维制品、电工用薄膜、复合制品和粘带、电工用层压制品等。无机固体绝缘材料主要有云母、玻璃、陶瓷及其制品。相比之下，固体绝缘材料品种较多样。

1. 绝缘胶

如图 3-1-7 所示，绝缘胶与无溶剂漆相似，但黏度大，并加有填料。用于浇注电缆接头、套管、20kV 以下电力互感器等。绝缘胶主要有电器浇注胶、电缆浇注胶两类，由树脂加固化剂制成。

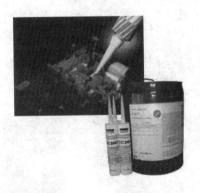

图 3-1-7　绝缘胶

2. 绝缘纤维制品

（1）绝缘纸。绝缘纸主要有电话纸（用于电信电缆、电机绝缘）、电缆纸 DL、GDL（用于 35~110kV 电缆绝缘）、电容器纸 B、BD（工业电容器用）。其材料主要是木、棉、聚酯、聚酰胺纤维抄纸，可以浸油或树脂。绝缘纸的特点是绝缘性能优良、厚度薄而均匀、面积易控制。绝缘纤维制品如图 3-1-8 所示。

图 3-1-8 绝缘纤维制品

（2）绝缘纤维布。绝缘纤维布是玻璃纤维、锦纶、涤纶纤维织成的布带，主要用于包线、线圈绑扎、电缆保护内衬等。其特点是强度高、弹性好、易捆扎、耐热性好。

3. 电工用层压制品

如图 3-1-9 所示，电工用层压制品是以多层绝缘纤维纸、布浸涂胶粘剂，经热压而成的板/管/棒状绝缘材料。其特点是成型简单、耐热、耐油、耐电弧，绝缘强度、机械高。常用的基材有木纤维纸、玻璃丝布，环氧/酚醛/有机硅树脂等。

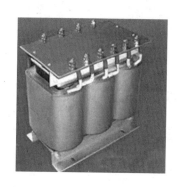

图 3-1-9 电工用层压制品

4. 电工用橡胶

如图 3-1-10 所示，电工用橡胶主要用于电缆绝缘层和外护套及电工工具，具有绝缘性、弹性、柔软性好的特点。

（1）天然橡胶。天然橡胶具有抗张强度、抗撕性、回弹性好，不耐热、不耐油，易燃易老化的特点。主要用于柔软、弯折和弹性高的电缆护套。耐压 6kV，使用温度<65℃。

图 3-1-10　电工用橡胶

（2）合成橡胶。合成橡胶主要有丁苯橡胶、氯丁橡胶、氯磺化聚乙烯等。①丁苯橡胶：耐热性，抗弯曲开裂、耐磨性好，弹性、抗拉性、耐寒性差。一般与天然橡胶混合使用。主要用于电缆内层绝缘。②氯丁橡胶：阻燃、耐老化、耐油，电气性能差。③氯磺化聚乙烯：电气性能、阻燃性好，耐油、耐磨、耐酸碱、耐老化。

5. 绝缘包扎带

绝缘包扎带主要用作包缠电线和电缆的接头。它的种类很多，常用的有黑胶布带和聚氯乙烯带。

6. 绝缘子

绝缘子主要用来支持和固定导线，下面主要介绍低压架空线路用绝缘子。低压架空线路用绝缘子有针式绝缘子和蝴蝶式绝缘子两种，用于在电压 500 V 以下的交直流架空线路中固定导线，如图 3-1-11 所示即为低压绝缘子。

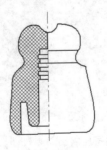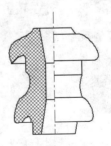

（a）鼓形绝缘子　　（b）低压蝴蝶式绝缘子

图 3-1-11　低压绝缘子

【技能训练】

导电材料的选用

（一）工具及器材

铜、铝的裸导线及裸导体制品，电磁线，电力线缆，通信电缆等。

（二）训练内容

（1）为 120W 手电钻选配电缆。

（2）某家庭有空调器（1kW）1 台，电冰箱（150W）1 台、彩电（80W）1 台及常用照明设施，若安装 10A 电度表，试分析应如何选用包括进户线在内的全部导线。

（三）训练方法

导电材料选材原则如下：

（1）裸导线的选用要根据使用场合、负载电流的大小、经济指标等综合因素确定材质、状态、外形及截面积。

（2）电磁线的选用主要考虑耐热等级、击穿强度、导线截面以及特殊场合。

（3）电线电缆选用时，一要看用途，二要看环境，三要看额定电压、负载电流，四看经济指标，做到全面考虑，合理选材，正确用材。

（四）训练步骤

（1）为 120W 手电钻选配电缆。

选材分析：手电钻是移动电器，使用场合比较复杂，且要求柔软，有良好的电气性能和机械性能，所以选用 YQ 型二芯橡套电缆。

由于电钻工作电流不到 1A，考虑到冲击电流，故可选用截面为 $0.5mm^2$ 的电缆。

选材结论：综上分析，120W 手电钻可选配截面为 $0.5mm^2$ 的 YQ 型二芯橡套电缆。

（2）某家庭有空调（1kW）1 台，电冰箱（150W）1 台、彩电（80W）1 台及常用照明设施，若安装 10A 电度表，试分析应如何选用包括进户线在内的全部导线。

根据选材"四看"原则，分析结果如下：

1）进户线。BLXF 型铝芯氯丁橡皮线（单芯），截面 $2.5mm^2$（从手册中查出此线的允许载流值为 27A）。

2）户内干线。BTVV 型二芯平行护套铝线，截面 $2.5mm^2$。

3）各用电器支线。由于穴内干线与支线负载差别不是很大，所以采用户内干线。

常用电工绝缘材料的识别

（一）工具及器材

常用电工绝缘材料实物若干。

（二）训练内容

正确识别不同的电工绝缘材料，并说出它们的名称性能。

（三）训练步骤

（1）老师把不同的电工绝缘材料混放在一起，现场的每位同学抽出其中的一种材料。

（2）每位同学写出所抽材料的名称、性能和用途。

【任务小结】

本任务中，我们学习了常用电工材料相关知识。通过技能训练，进一步掌握导电材料和绝缘材料的选用方法。

【任务评价】

根据你对本任务的学习和表现情况，填写以下评价表。

表 3-1-8 任务评价表

任务名称			
任务时间		组 号	
小组成员			
检查内容			
咨询			
（1）明确任务学习目标			是 □ 否 □
（2）查阅相关学习资料			是 □ 否 □
计划			
（1）分配工作小组			是 □ 否 □
（2）自学安全操作规程			是 □ 否 □
（3）小组讨论安全、环保、成本等因素，制订学习计划			是 □ 否 □
（4）教师是否已对计划进行指导			是 □ 否 □
实施			
准备工作	（1）正确准备工具、仪表和器材		是 □ 否 □
	（2）具备常用电工材料选用相关知识		是 □ 否 □
技能训练	（1）正确选用导电材料		是 □ 否 □
	（2）正确识别各种绝缘材料		是 □ 否 □
安全操作与环保			
（1）工装整洁			是 □ 否 □
（2）遵守劳动纪律，注意培养一丝不苟的敬业精神			是 □ 否 □
（3）注意安全用电			是 □ 否 □
（4）严格遵守本专业操作规程，符合安全文明生产要求			是 □ 否 □
你在本次任务中有什么收获？			

常用电工材料种类有哪些？	
导电材料和绝缘材料的选用原则是什么？	
组长签名：	日期：
教师审核：	
教师签名：	日期：

【思考与练习】

（1）常用的导电材料种类有哪些？

（2）常用的绝缘材料种类有哪些？绝缘材料的性能指标有哪些？

任务二　常用低压电器

【任务导入】

电能的大规模使用给低压电器的发展创造了广阔的空间，电网电机及其他用电设备的转换、控制、保护和调节都要依靠低压电器来完成，低压电器在一定条件下可对电路、电器进行多次保护却不用更换，是电路综合保护、控制的理想电器元件（见图3-2-1）。低压电器选用的正确性，将直接影响到电器、电缆等配套设备选择的合理性及用电的安全性。那么，如何正确、合理选择低压电器呢？就让我们一起来学习常用低压电器的基本知识吧！

图 3-2-1　各种常用的低压电器外形

【学习目标】

知识目标：

（1）熟悉常用低压电器的分类及常用术语；

（2）掌握常用低压电器的结构、类别和型号意义；

（3）掌握常用低压电器的工作原理、用途。

技能目标：

（1）能识别各类常用低压电器的图形符号和文字符号；

（2）能正确绘制常用低压电器的图形符号；

（3）能正确识别、选择、安装和使用常用低压电器。

素质目标：

（1）培养学生做事认真、仔细，注重细节的习惯；

（2）培养学生爱护公物和实训设备，摆放东西规范有序的习惯；

（3）培养学生符合职业岗位要求的素养和团结协作精神。

【知识链接】

低压电器是一种能根据外界的信号和要求，手动或自动地接通、断开电路，以实现对电路或非电对象的切换、控制、保护、检测、变换和调节的元件或设备。低压电器应用于交流 50Hz（60Hz）额定电压为 1200V 以下、直流额定电压为 1500V 及以下的电路中，如接触器、继电器等。

低压电器常见的分类方法见表 3-2-1。

表 3-2-1 低压电器常见分类方法

分类方法	类别	说明及用途
按用途和所控制的对象分	低压配电电器	包括低压开关、低压熔断器，主要用于低压配电系统及动力设备中
	低压控制电器	包括接触器、继电器、电磁铁等，主要用于电力拖动及自动控制系统中
按动作方式分	自动切换电器	依靠电器本身参数的变化或外来信号的作用，自动完成接通或分断等动作的电器，如接触器、继电器等
	非自动切换电器	主要依靠外力（如手控）直接操作来进行切换的电器，如按钮、低压开关等
按执行机构分	有触点电器	具有可分离的动触点和静触点，主要利用触点的接触和分离来实现电路的接通和断开控制，如接触器、继电器等
	无触点电器	没有可分离的触点，主要利用半导体元器件的开关效应来实现电路的通断控制，如接近开关、固态继电器等

低压电器的常用术语见表 3-2-2。

表 3-2-2 低压电器的常见术语

常用术语	常用术语的含义
通断时间	从电流开始在开关电器一个极流过瞬间起，到所有极的电弧最终熄灭的瞬间为止的时间间隔
燃弧时间	电器分断过程中，从触头断开（或熔体熔断）出现电弧的瞬间开始，至电弧完全熄灭为止的时间间隔
分断能力	开关电器在规定的条件下，能在给定的电压下分断的预期分断电流值
接通能力	开关电器在规定的条件下，能在给定的电压下接通的预期接通电流值
通断能力	开关电器在规定的条件下，能在给定的电压下接通和分断的预期电流值
短路接通能力	在规定的条件下，包括开关电器的出线端短路在内的接通能力
短路分断能力	在规定的条件下，包括开关电器的出线端短路在内的分断能力
操作频率	开关电器在每小时内可能实现的最高循环操作次数
通电持续率	开关电器的有载时间和工作周期之比，常以百分数表示
电寿命	在规定的正常工作条件下，机械开关电器不需要修理或更换的负载操作循环次数

一、低压熔断器

熔断器是低压配电网络和电力拖动系统中主要用作短路保护的电器。使用时,熔断器应串联在被保护的电路中。正常情况下,熔断器的熔体相当于一段导线,当电流超过规定值时,以本身产生的热量使熔体熔断,从而起到保护线路和电气设备的作用。

(一)熔断器的结构与主要技术参数

1. 熔断器的结构

熔断器主要由熔体、安装熔体的熔管和熔座三部分组成,如图 3-2-2 (a)所示。

（a）RL6 系列螺旋式熔断器　　　　（b）符号

图 3-2-2　低压熔断器

熔体是熔断器的核心,常做成丝状、片状或栅状,制作熔体的材料一般有铅锡合金、锌、铜、银等。熔管内装熔体,是熔体的保护外壳,用耐热绝缘材料制成,在熔体熔断时兼有灭弧作用。熔座是熔断器的底座,作用是固定熔管和外接引线。

2. 熔断器的主要技术参数

(1) 额定电压。熔断器长期工作所能承受的电压,其量值一般等于或大于电气设备的额定电压。

(2) 额定电流。保证熔断器能长期正常工作的电流。它决定于熔断器各部分长期工作时的容许温升。

(3) 分断能力。通常是指在额定电压及一定的功率因数(或时间常数)下切断短路电流的极限能力。常用极限断开电流值来表示。

(4) 时间—电流特性。也称为安—秒特性或保护特性,是指在规定的条件下,表征流过熔体的电流与熔体熔断时间的关系曲线,如图 3-2-3 所示。

从特性上可以看出,熔断器的熔断时间随电流的增大而缩短,是反时限特性。另外,在时间—电流特性曲线中有一个熔断电流与不熔断电流的分界线,与此相对

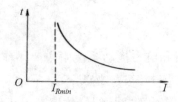

图 3-2-3 熔断器的时间—电流特性

应的电流称为最小熔化电流或临界电流，用 I_{Rmin} 表示。往往以在 1～2h 内能熔断的最小电流值作为最小熔断电流。

根据对熔断器的要求，熔体在额定电流 I_{NN} 下绝对不应熔断，所以最小熔断电流必须大于额定电流。一般熔断器的熔断电流 I_s 与熔断时间 t 的关系见表 3-2-3。

表 3-2-3　熔断器的熔断电流与熔断时间的关系

熔断电流 I_s（A）	$1.25I_N$	$1.6I_N$	$2.0I_N$	$2.5I_N$	$3.0I_N$	$4.0I_N$	$8.0I_N$	$10.0I_N$
熔断时间 t（s）	∞	3600	40	8	4.5	2.5	1	0.4

（二）常用低压熔断器

熔断器型号 RL1—15/4 及含义如下：

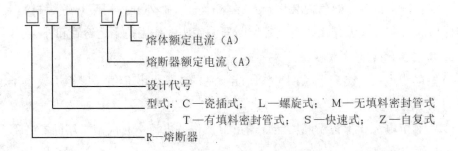

在型号 RL1—15/4 中，R 表示熔断器，L 表示螺旋式，设计代号为 1，熔断器额定电流是 15A，熔体额定电流是 4A。

1. RC1A 系列瓷插式熔断器

如图 3-2-4 所示，RC1A 系列瓷插式熔断器由瓷座、瓷盖、动触头、静触头、空腔和熔丝组成。

特点：结构简单，价格低廉，更换方便。该熔断器的分断能力较差。

应用场合：主要用于交流50Hz、额定电压至380V、额定电流5~200A以下的低压线路末端或分支电路中，作线路和电气设备的短路保护，在照明线路中还可起过载保护作用。

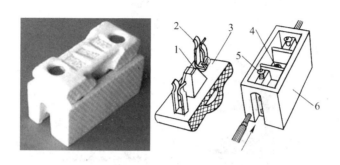

（a）外形　　　　　　　　（b）结构

1—熔丝　2—动触头　3—瓷盖　4—空腔　5—静触头　6—瓷座

图 3-2-4　RC1A 系列瓷插式熔断器

2. RL1 系列螺旋式熔断器

如图3-2-5所示，RL1系列螺旋式熔断器由瓷帽、熔断管、瓷套、上接线座、下接线座及瓷座组成。熔断管内装有石英砂，用于灭弧。

特点：分断能力较强，结构紧凑，体积小，更换熔体方便，工作安全可靠，熔体熔断时有明显指示。

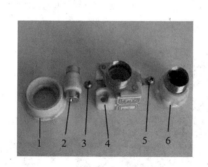

（a）外形　　　　　　　　（b）结构

1—瓷套　2—熔断管　3—下接线座　　4—瓷座　5—上接线座　6—瓷帽

图 3-2-5　RL1 系列螺旋式熔断器

应用场合：广泛应用于控制箱、配电屏、机床设备及振动较大的场所，在交流额定电压500V、额定电流200A及以下的电路中，作为短路保护器件。

3. RM10 系列封闭管式熔断器

如图 3-2-6 所示，RM10 系列封闭管式熔断器由熔断管、熔体、夹头及夹座等部分组成。熔断管为钢纸管，其内壁在电弧热量的作用下产生高压气体，使电弧迅速熄灭，熔体采用变截面锌片。

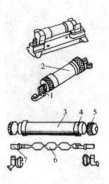

（a）外形 （b）结构

1—夹座 2—熔断管 3—钢纸管 4—黄铜套管 5—黄铜帽 6—熔体 7—刀形夹头

图 3-2-6 RM10 系列封闭管式熔断器

特点：分断能力较强。

应用场合：主要用于交流额定电压 380V 及以下、直流 440V 及以下、电流在 600A 以下的电力线路中，作为导线、电缆及电气设备的短路或连续过载保护。

4. RT0 系列有填料封闭管式熔断器

如图 3-2-7 所示，RT0 系列有填料封闭管式熔断器，由熔管、底座、夹头、夹座等部分组成。

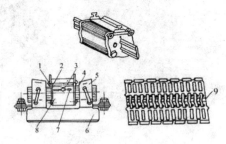

（a）外形 （b）结构

1—熔断指示器 2—石英砂填料 3—指示器熔丝 4—夹头
5—夹座 6—底座 7—熔体 8—熔管 9—锡桥

图 3-2-7 RT0 系列有填料封闭管式熔断器

特点：分段能力强，佩戴专用绝缘手套即可带电更换。有指示标志。

应用场合：广泛应用于交流 380V 及以下、短路电流较大的电力输配电系统中。

5. NG30 系列有填料封闭管式圆筒帽形熔断器

如图 3-2-8 所示，NG30 系列有填料封闭管式圆筒帽形熔断器，主要由熔断体及熔断器支持件组成。熔断体由熔管、熔体、填料组成，由纯铜片（或铜丝）制成的变截面熔体封装于高强度熔管内，熔管内充满高纯度石英砂作为灭弧介质，熔体两端采用点焊与端帽牢固连接；熔断器支持件由底板、载熔体、插座等组成，由塑料压制的底板装上载熔体插座后，铆合成螺丝固定而成，为半封闭式结构，且带有熔断指示灯，熔体熔断时，指示灯即亮。

应用场合：主要应用于交流 50Hz，额定电压 380V 及以下、额定电流在 63A 以下工业电气装置的配电线路中，作为线路的短路保护及过载保护。

6. RS0、RS3 系列有填料快速熔断器

如图 3-2-9 所示，RS0、RS3 系列有填料快速熔断器，其外形与 RT0 系列相似，熔断管内有石英填料，熔体也采用变截面形状、导热性能强、热容量小的银片，熔化速度快。

特点：熔断时间短，动作迅速（小于 5ms）。

应用场合：主要用于大容量晶闸管元件的短路和过载保护。

图 3-2-8 NG30 系列有填料封闭管式圆筒帽形熔断器

图 3-2-9 RS0、RS3 系列有填料快速熔断器

7. 自复式熔断器

如图 3-2-10 所示，自复式熔断器是一种采用气体、超导体或液态金属钠等作熔体的限流元件。在故障电流产生的高温下，使熔体瞬间呈现高阻状态，从而限制了短路电流，当故障消失后，温度下降，熔体又自动恢复到低阻状态。

特点：自复式熔断器具有限流作用显著、动作时间短、动作后不必更换熔体、

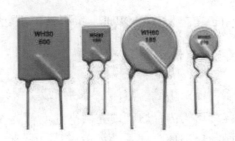

图 3-2-10　自复式熔断器

能重复使用、能实现自动合闸等优点。

应用场合：目前自复式熔断器的工业产品有 RZ1 系列，它适用于交流 380V 的电路中与断路器配合使用。该熔断器的电流有 100A、200A、400A、600A 四个等级，在功率因数 $\lambda \leqslant 0.3$ 时的分断能力为 100kA。

常见低压熔断器的主要技术参数见表 3-2-4。

表 3-2-4　常见低压熔断器的主要技术参数

类别	型号	额定电压（V）	额定电流（A）	熔体额定电流等级（A）	极限分断能力（kA）	功率因数
瓷插式熔断器	RC1A	380	5	2、5	0.25	
			10	2、4、6、10	0.5	0.8
			15	6、10、15		
			30	20、25、30	1.5	0.7
			60	40、50、60	3	0.6
			100	80、100		
			200	120、150、200		
螺旋式熔断器	RL1	500	15	2、4、6、10、15	2	≥0.3
			60	20、25、30、35、40、50、60	3.5	
			100	60、80、100	20	
			200	100、125、150、200	50	
	RL2	500	25	2、4、6、10、15、20、25	1	
			60	25、35、50、60	2	
			100	80、100	3.5	

类别	型号	额定电压（V）	额定电流（A）	熔体额定电流等级（A）	极限分断能力（kA）	功率因数
无填料封闭管式熔断器	RM10	380	15	6、10、15	1.2	0.8
			60	15、20、25、35、45、60	3.5	0.7
			100	60、80、100	10	0.35
			200	100、125、160、200		
			350	200、225、260、300、350		
			600	350、430、500、600	12	0.35
有填料封闭管式熔断器	RT0	交流380 直流440	100	30、40、50、60、100	交流50 直流25	>0.3
			200	120、150、200、250		
			400	300、350、400、450		
			600	500、550、600		
有填料封闭管式圆筒帽形熔断器	RT18	380	32	2、4、6、8、10、12、16、20、25、32	100	0.1~0.2
			63	2、4、6、8、10、16、20、25、32、40、50、63		
快速熔断器	RLS2	500	30	16、20、25、30	50	0.1~0.2
			63	35、（45）、50、63		
			100	（75）、80、（90）、100		

（三）熔断器的选用

熔断器有不同的类型和规格。对熔断器的要求是：在电气设备正常运行时，熔断器应不熔断；在出现短路故障时，应立即熔断；在电流发生正常变动（如电动机启动过程）时，熔断器不熔断；在用电设备持续过载时，应延时熔断。

对熔断器的选用主要包括熔断器类型、熔断器额定电压、熔断器额定电流和熔体额定电流的选用。

1. 熔断器类型的选用

应根据使用场合选择熔断器的类型。电网配电一般用刀形触头熔断器（如HDLRT0 RT36系列）；电动机保护一般用螺旋式熔断器；照明电路一般用圆筒帽形熔断器；保护可控硅元件则应选择半导体保护用快速式熔断器。

2. 熔断器额定电压和额定电流的选用

熔断器的额定电压必须等于或大于线路的额定电压；熔断器的额定电流必须等于或大于所装熔体的额定电流；熔断器的分断能力应大于电路中可能出现的最大短路电流。

3. 熔体额定电流的选用

（1）对照明的短路保护，熔体额定电流应等于或大于负载的额定电流。

（2）对单台直接启动电动机，熔体额定电流 $I_{RN} = (1.5 \sim 2.5) \times$ 电动机额定电流 I_N。

（3）对多台直接启动电动机，总的保护熔体额定电流 $I_{RN} \geq (1.5 \sim 2.5) I_{Nmax} + \sum I_N$。

（四）熔断器的安装与使用

（1）用于安装使用的熔断器应完整无损，并标有额定电压、额定电流值。

（2）熔断器安装时应保证熔体与夹头、夹头与夹座接触良好。瓷插式熔断器应垂直安装。螺旋式熔断器接线时，电源线应接在下接线座上，负载线应接在上接线座上，以保证能安全地更换熔管。

（3）熔断器内要安装合格的熔体，不能用多根小规格的熔体并联代替一根大规格的熔体。在多级保护的场合，各级熔体应相互配合，上级熔断器的额定电流等级以大于下级熔断器的额定电流等级两级为宜。

（4）更换熔体或熔管时，必须切断电源，尤其不允许带负荷操作，以免发生电弧灼伤。管式熔断器的熔体应用专用的绝缘插拔器进行更换。

（5）对 RM10 系列熔断器，在切断过三次相当于分断能力的电流后，必须更换熔断管，以保证能可靠地切断所规定分断能力的电流。

（6）熔体熔断后，应分析原因排除故障后，再更换新的熔体。在更换新的熔体时，不能轻易改变熔体的规格，更不能使用铜丝或铁丝代替熔体。

（7）熔断器兼作隔离器件使用时，应安装在控制开关的电源进线端；若仅作短路保护用，应装在控制开关的出线端。

（五）熔断器的常见故障及处理方法

熔断器的常见故障及处理方法见表3-2-5。

表 3-2-5 熔断器的常见故障及处理方法

故障现象	可能原因	处理方法
电路接通瞬间，熔体熔断	熔体电流等级选择过小	更换熔体
	负载侧短路或接地	排除负载故障
	熔体安装时受机械损伤	更换熔体
熔体未熔断，但电路不通	熔体或接线座接触不良	重新连接

二、低压开关

低压开关一般为非自动切换电器，主要作为隔离、转换、接通和分断电路用。在电力拖动中，低压开关多数用作机床电路的电源开关和局部照明电路的控制开关，有时也可用来直接控制小容量电动机的启动、停止和正反转。常用的低压开关有刀开关、隔离开关、负荷开关、组合开关等。

（一）HK 系列开启式负荷开关

如图 3-2-11（a）所示，生产中常用的 HK 系列开启式负荷开关，又称为瓷底胶盖刀开关。它结构简单，价格便宜，手动操作，适用于交流频率 50Hz、额定电压单相 220V 或三相 380V、额定电流 10A 至 100A 的照明、电热设备及小容量电动机等不需要频繁接通和分断电路的控制线路，并具有短路保护作用。

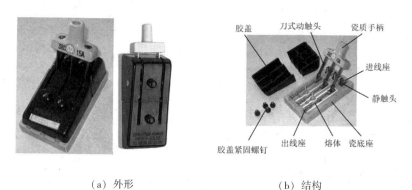

（a）外形　　　　　（b）结构

图 3-2-11 HK 系列开启式负荷开关

1. 结构与符号

如图 3-2-11（b）所示，HK 系列开启式负荷开关的瓷底座上装有进线座、静触头、熔体、出线座和带瓷质手柄的刀式动触头，上面盖有胶盖，以防止人员操作时触及带电体或开关分断时产生的电弧飞出伤人。HK 系列开启式负荷开关的符号见图 3-2-12。

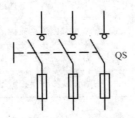

图 3-2-12　HK 系列开启式负荷开关的符号

HK 系列开启式负荷开关的型号及含义如下：

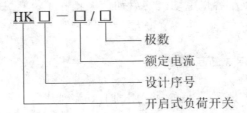

HK 系列开启式负荷开关的主要技术数据见表 3-2-6。

表 3-2-6　HK 系列开启式负荷开关的主要技术数据

型号	极数	额定电流（A）	额定电压（V）	可控制电动机最大容量（kW）		配用熔丝规格			
						熔丝（%）			熔丝线径（mm）
				220V	380V	铅	锡	锑	
HK1-15	2	15	220	—	—				1.45~1.59
HK1-30	2	30	220	—	—				2.30~2.52
HK1-60	2	60	220	—	—	98	1	1	3.36~4.00
HK1-15	3	15	380	1.5	2.2				1.45~1.59
HK1-30	3	30	380	3.0	4.0				2.30~2.52
HK1-60	3	60	380	4.5	5.5				3.36~4.00

2. 选用

HK 开启式负荷开关用于一般的照明电路和功率小于 5.5kW 的电动机控制线路中。这种开关没有专门的灭弧装置,其刀式动触头和静夹座易被电弧灼伤引起接触不良,因此不宜用于操作频繁的电路。具体选用方法如下:

(1) 用于照明和电热负载时,选用额定电压 220V 或 250V、额定电流不小于电流所有负载额定电流之和的两极开关。

(2) 用于控制电动机的直接启动和停止时,选用额定电压 380V 或 500V,额定电流应当不小于电动机额定电流的 3 倍。

3. 安装与使用

(1) 开启式负荷开关必须垂直安装在控制屏或开关板上,上端接电源线,下端接负载,且合闸状态时手柄应朝上,不允许倒装或平装,以防发生误合闸事故。

(2) 开启式负荷开关用于控制照明和电热负载时,要装接熔断器作短路保护和过载保护。接线时应把电源进线接在静触头一边的进线座,负载接在动触头一边的出线座。

(3) 开启式负荷开关用作电动机的控制开关时,应将开关的熔体部分用铜导线直接连接,并在出线端另外加装熔断器作短路保护。

(4) 在分闸和合闸操作时,应动作迅速,使电弧尽快熄灭。更换熔体时,必须在闸刀断开的情况下按原规格更换。

4. 常见故障及处理方法

开启式负荷开关最常见的故障是触头接触不良,造成电路开路或触头发热,可根据情况整修或更换触头。

(二) 组合开关

组合开关又称为转换开关,其特点是体积小,触头对数多,接线方式灵活,操作方便。如图 3-2-13 (a) 所示是常用的 Hz 系列的组合开关,它适用于交流频率 50Hz、电压至 380V 以下,或直流 220V 及以下的电气线路中,用于手动不频繁地接通和分断电路、换接电源和负载,或控制 5kW 以下小容量电动机启动、停止和正反转。

1. 结构与型号含义

组合开关的种类很多,常用的有 Hz5、Hz10、Hz15 等系列。Hz10—10/3 型组合开关的结构如图 3-2-13 (b) 所示,其静触头装在绝缘垫板上,并附有接线柱用于与电源及负载相接,动触头装在能随转轴转动的绝缘垫板上,手柄和转轴能沿顺时针或逆时针方向转动 90°,带动三个动触头分别与静触头接触或分离,实现接通和

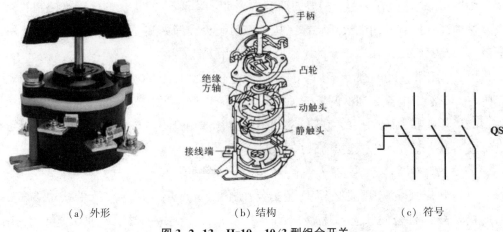

（a）外形	（b）结构	（c）符号

图 3-2-13　Hz10—10/3 型组合开关

分断电路的目的。由于采用了扭簧储能结构，能快速闭合及分断开关，使开关的闭合和分断速度与手动操作无关。其符号如图 3-2-13（c）所示。

Hz10 系列组合开关的型号及含义如下：

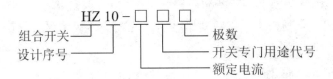

图 3-2-14（a）所示是倒顺开关的外形图。倒顺开关是组合开关的一种，也称为可逆转换开关，是专门为控制小容量三相异步电动机的正反转而设计生产的。开关的手柄有"倒"、"停"、"顺"三个位置，手柄只能从"停"的位置左转或右转 45°，其符号如图 3-2-14（b）所示。

2. 选用

组合开关可分为单极、双极和多极三类，主要参数有额定电压、额定电流、极数等，额定电流有 10A、20A、40A、60A 四个等级。Hz 系列组合开关主要技术数据见表 3-2-7。

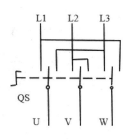

(a) 外形   (b) 符号

图 3-2-14 倒顺开关

表 3-2-7 Hz 系列组合开关主要技术数据

型号	额定电压（V）	额定电流（A）		380V 时可控制电动机的功率（kW）
		单极	三极	
Hz10—10	直流 220V 交流 380V	6	10	1
Hz10—25		—	25	3.3
Hz10—60		—	60	5.5
Hz10—100			100	

组合开关应根据电源种类、电压等级、所需触头数、接线方式和负载容量进行选用。用于控制小型异步电动机的运转时，开关的额定电流一般取电动机额定电流的 1.5~2.5 倍。

组合开关的选用应注意以下几点：

（1）组合开关的寿命虽然长于普通刀闸开关（例如控制电动机时，组合开关的额定电流可比刀闸开关低一个等级)，但操作频率每小时超过 300 次或功率因数低于规定值时，就应降低容量使用。否则，不仅会缩短组合开关的使用寿命，有时还可能因持续燃弧而发生事故。

（2）组合开关虽然有一定的通断能力，但不能用来分断故障电流。此外，选用时还应考虑下述情况：用于控制电动机可逆运动的组合开关，应在电动机完全停止转动以后，才可反方向接通。

（3）由于组合开关的接线方式很多，首先应清楚地了解该产品全部型号中的类型代号和接线图，然后根据需要选定相应规格的产品。

（4）组合开关本身没有过载、短路、欠压等保护功能，如果需要这些保护，应另外装设相应的保护电器。

3. 安装与使用

（1）Hz10 系列组合开关应安装在控制箱内，其操作手柄最好伸出在控制箱的前面或侧面。开关为断开状态时应使手柄在水平旋转位置。倒顺开关外壳上的接地螺钉应可靠接地。

（2）若需在箱内操作，开关最好装在箱内右上方，并且在它的上方不安装其他电器，否则应采取隔离或绝缘措施。

（3）组合开关的通断能力较低，不能用来分断故障电流。

（4）当操作频率过高，应降低开关的容量使用，以延长其使用寿命。

4. 常见故障及处理方法

组合开关的常见故障及处理方法见表 3-2-8。

表 3-2-8　组合开关的常见故障及处理方法

故障现象	可能原因	处理方法
手柄转动后，内部触头未动	手柄上的轴孔磨损变形	调换手柄
	绝缘杆变形（由方形磨为圆形）	更换绝缘杆
	手柄与方轴，或轴与绝缘杆配合松动	紧固松动部件
	操作机构损坏	修理更换
手柄转动后，动静触头不能按要求动作	组合开关型号选用不正确	更换开关
	触头角度装配不正确	重新装配
	触头失去弹性或接触不良	更换触头或清除氧化层及尘污
接线柱间短路	因铁屑或油污附着在接线柱间，形成导电层，将胶木烧焦，绝缘损坏而形成短路	更换开关

三、低压断路器

低压断路器又叫自动空气开关，简称断路器。它集控制和多种保护功能于一体，当电路中发生短路、过载和失压等故障时，它能自动跳闸切断故障电路，从而保护线路和电气设备。低压断路器外形如图 3-2-15 所示。

低压断路器具有操作安全、安装使用方便、工作可靠、动作值可调、分断能力较强、兼作多种保护、动作后不需要更换元件等优点，因此得到了广泛的应用。

1. 低压断路器的分类

低压断路器按结构形式可分为塑壳式（又称装置式）、万能式（又称框架式）、

图 3-2-15　低压断路器外形

限流式、直流快速式、灭磁式、漏电保护式六类；按操作方式可分为人力操作式、动力操作式和储能操作式；按极数可分为单极、二极、三极和四极式；按安装方式又可分为固定式、插入式和抽屉式；按断路器在电路中的用途可分为配电用断路器、电动机保护用断路器和其他负载用断路器。

2. 低压断路器结构及原理

在电力拖动系统中常用的是 DZ 系列塑壳式低压断路器。下面以 DZ5-20 型低压断路器为例加以介绍。

DZ 系列塑壳式低压断路器的结构如图 3-2-16（a）所示。它由触头系统、灭弧装置、操作机构、热脱扣器、电磁脱扣器及绝缘外壳等部分组成。

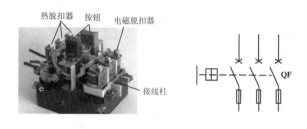

（a）结构　　　　　　　　　　　　　　　　（b）符号

图 3-2-16　低压断路器结构与符号

DZ5 系列断路器有三对主触头，一对常开辅助触头和一对常闭辅助触头。使用时三对主触头串联在被控制的三相电路中，用以接通和分断主回路的大电流。按下绿色"合"按钮时接通电路；按下红色"分"按钮时切断电路；当电路出现短路、过载等故障时，断路器会自动跳闸切断电路。

断路器的热脱扣器用于过载保护，整定电流的大小由电流调节装置调节。

电磁脱扣器用作短路保护，瞬时脱扣整定电流的大小由电流调节装置调节。出厂时，电磁脱扣器的瞬时脱扣整定电流一般整定为 $10I_N$（I_N 为断路器的额定电流）。

欠压脱扣器用作零压和欠压保护。具有欠压脱扣器的断路器，在欠压脱扣器两端无电压或电压过低时不能接通电路。

3. 低压断路器符号与型号含义

低压断路器图形符号与文字符号如图 3-2-16（b）所示。DZ5 系列低压断路器型号及含义如下：

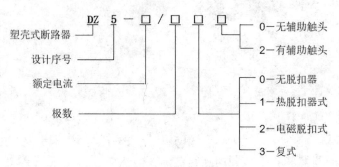

DZ5-20 型低压断路器的技术数据见表 3-2-9。

表 3-2-9 DZ5-20 型低压断路器的技术数据

型号	额定电压（V）	主触头额定电流（A）	极数	脱扣器形式	热脱扣器额定电流（括号内为整定电流调节范围）A	电磁脱扣器瞬时动作整定值（A）
DZ5—20/330 DZ5—20/230	AC380 DC220	20	3 2	复式	0.15（0.10~0.15） 0.20（0.15~0.20）	
DZ5—20/320 DZ5—20/220	AC380 DC220	20	3 2	电磁式	0.30（0.20~0.30） 0.45（0.30~0.45） 0.65（0.45~0.65）	
DZ5—20/310 DZ5—20/210	AC380 DC220	20	3 2	热脱扣器式	1（0.65~1） 1.5（1~1.5） 2（1.5~2） 3（2~3） 4.5（3~4.5） 6.5（4.5~6.5） 10（6.5~10） 15（10~15） 20（15~20）	为电磁脱扣器额定电流的 8~12 倍（出厂时整定于 10 倍）
DZ5—20/300 DZ5—20/200	AC380 DC220	20	3 2	无脱扣器式		

4. 低压断路器的选用

低压断路器的选用原则如下：

（1）低压断路器的额定电压应不小于线路、设备的正常工作电压，额定电流应不小于线路、设备的正常工作电流。

（2）热脱扣器的整定电流应等于所控制负载的额定电流。

（3）电磁脱扣器的瞬时脱扣整定电流应大于负载电路正常工作时的峰值电流。用于控制电动机的断路器，其瞬时脱扣整定电流可按下式选取：

$$I_z \geqslant KI_{st}$$

式中，K 为安全系数，一般取 1.5~1.7；I_{st} 为电动机启动电流。

（4）欠压脱扣器的额定电压应等于线路的额定电压。

（5）断路器的极限通断能力应不小于电路的最大短路电流。

5. 低压断路器的安装与使用

（1）低压断路器应垂直安装，电源线应接在上端，负载接在下端。

（2）低压断路器用作电源总开关或电动机的控制开关时，在电源进线侧必须加装刀开关或熔断器等，以形成明显的断开点。

（3）低压断路器使用前应将脱扣器工作面上的防锈油脂擦净，以免影响其正常工作。同时应定期检修，清除断路器上的积尘，给操作机构添加润滑剂。

（4）各脱扣器的动作值调整好后，不允许随意变动，并定期检查各脱扣器的动作值是否满足要求。

（5）断路器的触头使用一定次数或分断短路电流后，应及时检查触头系统，如果触头表面有毛刺、颗粒等，应及时维修或更换。

6. 低压断路器的常见故障及处理方法

低压断路器的常见故障及处理方法见表 3-2-10。

表 3-2-10　低压断路器的常见故障及处理方法

故障现象	可能原因	处理方法
不能合闸	欠压脱扣器无电压或线圈损坏	检查施加电压或更换线圈
	储能弹簧变形	更换储能弹簧
	反作用弹簧力过大	重新调整
	操作机构不能复位再扣	调整再扣接触面至规定值
电流达到整定值，断路器不动作	热脱扣器双金属片损坏	更换双金属片
	电磁脱扣器的衔铁与铁芯距离太大或电磁线圈损坏	调整衔铁与铁芯的距离或更换断路器
	主触头熔焊	检查原因并更换主触头

续表

故障现象	可能原因	处理方法
启动电动机时断路器立即分断	电磁脱扣器瞬时整定值过小	调高整定值至规定值
	电磁脱扣器的某些零件损坏	更换脱扣器
断路器闭合后一定时间自行分断	热脱扣器整定值过小	调高整定值至规定值
断路器温升过高	触头压力过小	调整触头压力或更换弹簧
	触头表面过分磨损或接触不良	更换触头或修整接触面
	两个导电零件连接螺钉松动	重新拧紧

四、主令电器

主令电器是用来接通和分断控制电路以发布命令，或对生产过程作中程序控制的开关电器。它包括控制按钮（简称按钮）、行程开关、主令开关和主令控制器等。另外还有踏脚开关、接近开关、倒顺开关、紧急开关、钮子开关等。如图 3-2-17 所示为各种主令电器外形。

图 3-2-17　各种主令电器的外形

（一）按钮

按钮是一种用人体某一部分所施加力而操作，并具有弹簧储能复位的控制开关，是一种最常用的主令电器。按钮的触头允许通过的电流较小，一般不超过 5A。因此，一般情况下，它不直接控制主电路（大电流电路）的通断，而是在控制电路（小电流电路）中发出指令或信号，控制接触器、继电器等电器，再由它们控制主电路的通断、动能转换或电气联锁。如图 3-2-18 所示为几款按钮的外形。

图 3-2-18　几款按钮的外形

为了便于识别各种按钮的作用，避免误操作，通常用不同的颜色和符号标志来区分按钮的作用。按钮颜色的含义见表 3-2-11。

表 3-2-11　按钮颜色的含义

颜色	含义	说明	应用举例
红	紧急	危险或紧急情况时操作	急停
黄	异常	异常情况时操作	干预、制止异常情况 干预、重新启动中断了的自动循环
绿	安全	安全情况或为正常情况准备时操作	启动/接通
蓝	强制性的	要求强制动作情况下的操作	复位功能
白	未赋予特定含义	除急停以外的一般功能的启动	启动/接通（优先） 停止/断开
灰			启动/接通 停止/断开
黑			启动/接通 停止/断开（优先）

1. 按钮结构原理与符号

按钮一般由按钮帽、复位弹簧、桥式动触头、静触头、支柱连杆及外壳等部分组成，如图 3-2-19 所示。

按钮按下不受外力作用（即静态）时触头的分合状态，分为启动按钮（即常开按钮）、停止按钮（即常闭按钮）和复合按钮（即常开、常闭触头组合为一体的按钮），各种按钮的结构与符号如图3-2-19所示。不同类型和用途的按钮符号如图3-2-20所示。

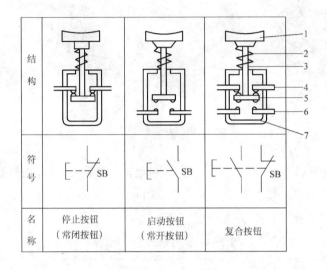

1—按钮帽　2—复位弹簧　3—支柱连杆　4—常闭静触头

5—桥式动触头　6—常开静触头　7—外壳

图3-2-19　各种按钮的结构与符号

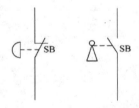

（a）急停按钮　　　　　　　（b）钥匙操作式按钮

图3-2-20　不同类型和用途的按钮符号

提示：

对启动按钮而言，按下按钮帽时触头闭合，松开后触头自动断开复位；停止按钮则相反，按下按钮帽时触头分断，松开后触头自动闭合复位。复合按钮是当按下按钮帽时，桥式动触头向下运动，使常闭触头先断开后，常开触头才闭合；当松开按钮帽时，则常开触头先分断复位后，常闭触头再闭合复位。

2. 按钮型号及含义

按钮的型号及含义如下：

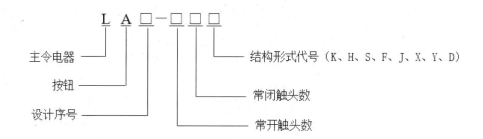

其中型号代号含义如下：

K——开启式，嵌装在操作面板上；

H——保护式，带保护壳，可防止内部零件受机械损伤或人偶然触及带电部分；

S——防水式，具有密封外壳，可防止雨水侵入；

F——防腐式，能防止腐蚀性气体进入；

J——紧急式，带有红色大蘑菇钮头（突出在外），作紧急切断电源用；

X——旋钮式，用旋钮旋转进行操作，可防止误操作或供专人操作；

Y——钥匙操作式，用钥匙插入进行操作，可防止误操作或供专人操作；

D——光标按钮，按钮内装有信号灯，兼作信号指示。

3. 按钮的选用

（1）根据使用场合和具体用途选择按钮的种类。例如，嵌装在操作面板上的按钮可选用开启式；需显示工作状态的选用光标式；需要防止无关人员误操作的重要场合宜用钥匙操作式；若有腐蚀性气体处要用防腐式。

（2）根据工作状态指示和工作情况要求，选择按钮或指示灯的颜色。例如，启动按钮可选用白、灰或黑色，优先选用白色，也可选用绿色。急停按钮应选用红色。停止按钮可选黑、灰或白色，优先用黑色，也可选用红色。

（3）根据控制回路的需要选择按钮的数量。如单联钮、双联钮和三联钮等。

LA 系列按钮的主要技术数据见表 3-2-12。

4. 按钮的安装与使用

（1）按钮安装在面板上时，应布置整齐，排列合理。

（2）同一机床运动部件有几种不同的工作状态时，应使每一对相反状态的按钮安装在一组。

（3）按钮的安装应牢固，安装按钮的金属板或金属按钮盒必须可靠接地。

（4）由于按钮的触头间距较小，应注意保持触头间的清洁。

（5）光标按钮一般不宜用于需长期通电显示处。

表 3-2-12　LA 系列按钮的主要技术数据

型号	形式	触头数量		额定电压、电流和控制容量	按钮	
		常开	常闭		钮数	颜色
LA10—1K	开启式	1	1		1	或黑、或绿、或红
LA10—2K	开启式	2	2		2	黑、红或绿、红
LA10—3K	开启式	3	3		3	黑、绿、红
LA10—1H	保护式	1	1		1	或黑、或绿、或红
LA10—2H	保护式	2	2		2	黑、红或绿、红
LA10—3H	保护式	3	3	电压：AC380V　DC220V	3	黑、绿、红
LA10—1S	防水式	1	1	电流：5A	1	或黑、或绿、或红
LA10—2S	防水式	2	2	容量：AC300V　DA60V	2	黑、红或绿、红
LA10—3S	防水式	3	3		3	黑、绿、红
LA10—1F	防腐式	1	1		1	或黑、或绿、或红
LA10—2F	防腐式	2	2		2	黑、红或绿、红
LA10—3F	防腐式	3	3		3	黑、绿、红

5. 按钮的常见故障及处理方法

按钮的常见故障及处理方法见表 3-2-13。

表 3-2-13　按钮的常见故障及处理方法

故障现象	可能原因	处理方法
触头接触不良	触头烧毁	整修触头或更换产品
	触头表面有尘垢	清洁触头表面
	触头弹簧失效	重烧弹簧和更换产品
触头间短路	塑料受热变形导致接线螺钉相碰短路	查明发热原因排除故障并更换产品
	杂物或油污在触头间形成通路	清洁按钮内部

（二）行程开关

行程开关又称位置开关，是一种常用的小电流主令电器，它是种利用生产机械某些运动部件的碰撞来发出控制指令的主令电器。主要用于控制生产机械的运动方向、速度、行程大小或位置，是一种自动控制电器。

行程开关的作用原理与按钮相同，区别在于它不是靠手指的按压，而是利用生产机械运动部件的碰压使其触头动作，从而将机械信号转变为电信号，使运动机械按一定的位置或行程实现自动停止、反向运动、变速运动或自动往返运动等。行程开关按其结构可分为直动式、滚轮式、微动式和组合式。行程开关外形如图 3-2-21 所示。

图 3-2-21　行程开关外形

1. 行程开关的结构原理与符号

机床中常用的行程开关有 LX19 和 JLXK1 等系列，各系列行程开关的基本结构大体相同，都是由操作机构、触头系统和外壳组成，如图 3-2-22（a）所示。行程开关在电路图中的符号如图 3-2-22（c）所示。

JLXK1 系列行程开关的动作原理如图 3-2-22（b）所示。当运动部件的挡铁碰压行程开关的滚轮 1 时，杠杆 2 连同转轴 3 一起转动，使凸轮 7 推动撞块 5。当撞块被压到一定位置时，推动微动开关 6 快速动作，使其常闭触头断开，常开触头闭合。

行程开关的触头类型有一常开一常闭、一常开二常闭、二常开一常闭、二常开二常闭等形式。动作方式可分为瞬动式、蠕动式和交叉从动式三种。动作后的复位方式有自动复位和非自动复位两种。

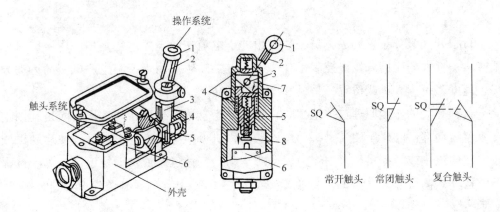

（a）结构   （b）动作原理   （c）符号

1—滚轮   2—杠杆   3—转轴   4—复位弹簧

5—撞块   6—微动开关   7—凸轮   8—调节螺钉

图 3-2-22   JLXK1 型行程开关的结构和动作原理

2. 行程开关型号及含义

LX19 系列和 JLXK1 系列行程开关的型号含义如下：

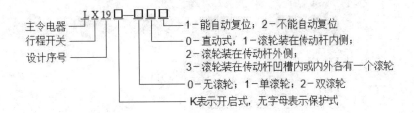

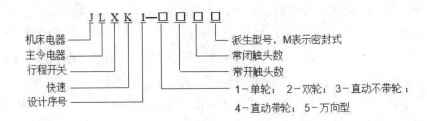

3. 行程开关的选用

行程开关的主要参数是型式、工作行程、额定电压及触头的电流容量，在产品说明书中都有详细说明。主要根据动作要求、安装位置及触头数量进行选择。LX19 和 JLXK1 系列行程开关的主要技术数据见表 3-2-14。

表 3-2-14　LX19 和 JLXK1 系列行程开关的主要技术数据

型号	额定电压额定电流	结构特点	触头对数		工作行程	超行程	触头转换时间
			常开	常闭			
LX19		元件	1	1	3mm	1mm	
LX19-111		单轮，滚轮装在传动杆内侧，能自动复位	1	1	约30°	约20°	
LX19-121		单轮，滚轮装在传动杆外侧，能自动复位	1	1	约30°	约20°	
LX19-131		单轮，滚轮装在传动杆凹槽内，能自动复位	1	1	约30°	约20°	
LX19-212	380V5A	双轮，滚轮装在U形传动杆内侧，不能自动复位	1	1	约30°	约15°	≤0.04S
LX19-222		双轮，滚轮装在U形传动杆外侧，不能自动复位	1	1	约30°	约15°	
LX19-232		双轮，滚轮装在U形传动杆内外侧各一个，不能自动复位	1	1	约30°	约15°	
LX19-001		无滚轮，仅有径向传动杆，能自动复位	1	1	<4mm	3mm	
JLXK1-111		单轮防护式	1	1	12°~15°	≤30°	
JLXK1-211	500V5A	双轮防护式	1	1	约45°	≤45°	
JLXK1-311		直动防护式	1	1	1~3mm	2~4mm	
JLXK1-411		直动滚轮防护式	1	1	1~3mm	2~4mm	

4. 行程开关的安装与使用

（1）行程开关安装时，其位置要准确，安装要牢固；滚轮的方向不能装反，挡铁与其碰撞的位置应符合控制线路的要求，并能确保能可靠地与挡铁碰撞。

（2）行程开关在使用中，要定期检查和保养，除去油垢及粉尘，清理触头，经常检查其动作是否灵活、可靠，及时排出故障，防止因行程开关触头接触不良或接线松脱而产生误动作，导致设备和人身安全事故。

5. 行程开关的常见故障及处理方法

行程开关的常见故障及处理方法见表 3-2-15。

表 3-2-15　行程开关的常见故障及处理方法

故障现象	可能原因	处理方法
挡铁碰撞行程开关后，触头不动作	安装位置不正确	调整安装位置
	触头接触不良或接线松脱	清刷触头或紧固接线
	触头弹簧失效	更换弹簧
杠杆已经偏转，或无外界机械力作用，但触头不复位	复位弹簧失效	更换弹簧
	内部撞块卡阻	清扫内部杂物
	调节螺钉太长，顶住开关按钮	检查调节螺钉

6. 接近开关

如图 3-2-23 所示，接近开关又称为无触点行程开关，是一种与运动部件无机械接触而能操作的行程开关。具有动作可靠，性能稳定，频率响应快，使用寿命长，抗干扰能力强，并具有防水、防震、耐腐蚀等特点。

（a）外形　　　　　　　　　　　（b）符号

图 3-2-23　接近开关

接近开关按工作原理分类，有高频振荡型、感应电桥型、霍尔效应型、光电型、永磁及磁敏元件型、电容型和超声波型等多种类型，其中以高频振荡型最为常用。图 3-2-24 为高频振荡型接近开关原理。

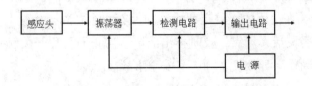

图 3-2-24　高频振荡型接近开关原理方框图

接近开关工作原理如下：当有金属物体接近一个以一定频率稳定振荡的高频振荡器的感应头时，由于电磁感应，该物体内部产生涡流损耗，以致振荡回路等效电阻增大，能量损耗增加，使振荡减弱直至终止。检测电路根据振荡器的工作状态控制输出电路的工作，输出信号去控制继电器或其他电器，达到控制目的。通常把接近开关刚好动作时感应头与检测体之间的距离称为检测距离。

（三）万能转换开关

万能转换开关是由多组相同的触头组件叠装而成的、控制多回路的主令电器。主要用于控制线路的转换及电气测量仪表的转换，也可用于控制小容量异步电动机的启动、换向及变速。由于触头挡数多、换接线路多、用途广泛，故称为万能转换开关。

常用的万能转换开关有 LW5、LW6、LW15 等系列，其外形如图 3-2-25 所示。下面以 LW5 系列为例做具体介绍。

（a）LW5 系列　　　　　（b）LW6 系列　　　　　（c）LW15 系列

图 3-2-25　万能转换开关

1. 万能转换开关结构原理

万能转换开关的外形及结构如图 3-2-26 所示。

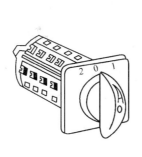 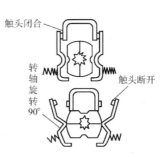

（a）外形　　　　　　（b）凸轮通断触头示意图

图 3-2-26　LW5 系列万能转换开关

　　万能转换开关主要由接触系统、操作机构、转轴、手柄、定位机构等部件组成，用螺栓组装成一个整体。接触系统由许多接触元件组成，每一接触元件均有一胶木触头座，中间装有一对或三对触头，分别由凸轮通过支架操作。操作时，手柄带动转轴和凸轮一起旋转，凸轮即可推动触头接通或断开，如图3-2-26（b）所示。由于凸轮的形状不同，当手柄处于不同的操作位置时，触头的分合情况也不同，从而达到换接电路的目的。

　　2. 万能开关符号及型号含义

　　万能转换开关在电路图中的符号如图3-2-27（a）所示。图中"——○　○——"代表一路触头，竖的虚线表示手柄位置。当手柄置于某一个位置上时，处于接通状态的触头下方虚线上就标注黑点"●"。例如，手柄处于处左45°位时，1和2触头、3和4触头、5和6触头都处于接通状态。触头的通断也可用图3-2-27（b）所示的触头分合表来表示。表中"×"表示触头闭合，空白表示触头分断。

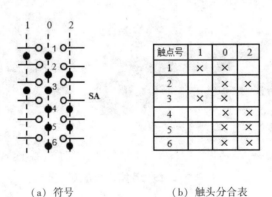

触点号	1	0	2
1	×	×	
2		×	×
3	×	×	
4		×	×
5		×	×
6		×	×

（a）符号　　　　　　　　（b）触头分合表

图3-2-27　万能开关符号

万能转换开关的型号及含义如下：

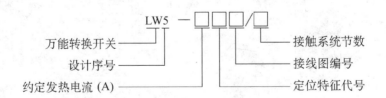

直接控制电动机用万能转换开关的型号及含义：

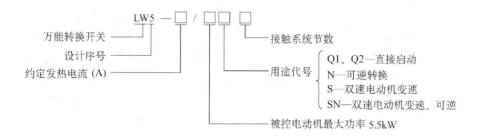

3. 万能转换开关的选用

LW5 系列万能转换开关适用于交流频率 50Hz、额定电压至 500V 及以下，直流电压至 440V 的电路中转换电气控制线路（电磁线圈、电气测量仪表和伺服电动机等），也可直接控制 5.5kW 三相笼型异步电动机、可逆转换、变速等。

万能转换开关主要根据用途、接线方式、所需触头挡数和额定电流来选择。

4. 万能转换开关的安装与使用

（1）万能转换开关的安装位置应与其他电器元件或机床的金属部件有一定间隙。

（2）万能转换开关一般应水平安装在平板上。

（3）万能转换开关的通断能力不高，用来控制电动机时，LW5 系列只能控制 5.5kW 以下的小容量电动机；用于控制电动机的正反转则只能在电动机停止后才能反向启动。

（4）万能转换开关本身不带保护，必须与其他电器配合使用。

（5）当万能转换开关有故障时，应切断电路检查相关部件。

五、接触器

接触器是一种电磁操作开关。电气控制中，接触器是一种应用广泛的自动切换电器，适用于远距离频繁地接通和断开交直流主电路及大容量的控制电路，其主要控制对象是电动机，也可用于控制电热设备、电焊机以及电容器组等其他负载。它的主要优点是能实现远距离自动操作，具有欠压和失压自动释放保护功能，控制容量大，工作可靠，操作频率高，使用寿命长。图 3-2-28 为六种常用交流接触器外形。

交流接触器的种类很多，空气电磁式交流接触器应用最为广泛，下面以 CJ10 系列为例来介绍交流接触器。

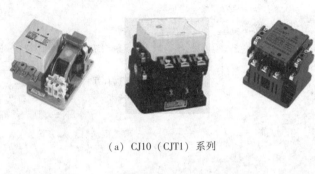

（a）CJ10（CJT1）系列

（b）CJ20 系列　　（c）CJ40 系列　　（d）CJX1 系列

图 3-2-28　常用交流接触器

（一）交流接触器结构与符号

交流接触器主要由电磁系统、触头系统、灭弧装置和辅助部件等组成。CJ10-20 型交流接触器的结构如图 3-2-29 所示。

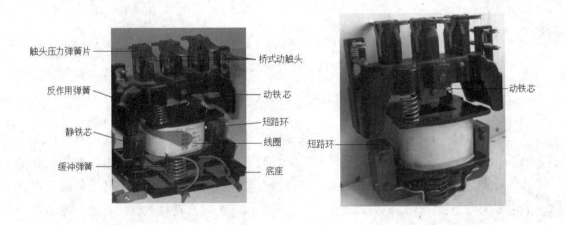

触头压力弹簧片　　　　　　　　桥式动触头

反作用弹簧　　　　　　　　　动铁芯

静铁芯　　　　　　　　　　短路环

　　　　　　　　　　　　线圈

缓冲弹簧　　　　　　　　　底座

动铁芯

短路环

（a）电磁系统及辅助部件

图 3-2-29　交流接触器的结构

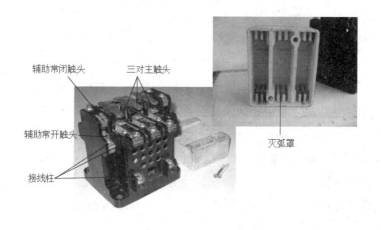

（b）触头系统和灭弧罩

图 3-2-29　交流接触器的结构（续）

1. 电磁系统

电磁系统主要由线圈、静铁芯和动铁芯（衔铁）三部分组成。静铁芯在下、动铁芯在上，线圈装在静铁芯上。铁芯是交流接触器发热的主要部件，静、动铁芯一般用 E 形硅钢片叠压而成，以减少铁芯的磁滞和涡流损耗，避免铁芯过热。铁芯的两个端面上嵌有短路环，用以消除电磁系统的振动和噪声。线圈做成粗而短的圆筒形，且在线圈和铁芯之间留有空隙，以增强铁芯的散热效果。

交流接触器利用电磁系统中线圈的通电或断电，使静铁芯吸合或释放衔铁，从而带动动触头与静触头闭合或分断，实现电路的接通或断开。

2. 触头系统

交流接触器的触头按通断能力可分为主触头和辅助触头，如图 3-2-29（b）所示。主触头用以通断电流较大的主电路，一般由三对接触面较大的常开触头组成。辅助触头用以通断电流较小的控制电路，一般由两对常开触头和两对常闭触头组成。所谓触头的常开和常闭，指电磁系统未通电动作前触头的状态。常开触头和常闭触头是联动的。当线圈通电时，常闭触头先断开，常开触头随后闭合，中间有一个很短的时间差。当线圈断电后，常开触头先恢复断开，随后常闭触头恢复闭合，中间也存在一个很短的时间差。这个时间差虽短，但对分析线路的控制原理却很重要。

3. 灭弧装置

交流接触器在断开大电流或高电压电路时，会在动、静触头之间产生很强的电弧。电弧是触头间气体在强电场作用下产生的放电现象，它一方面会灼伤触头，减

125

小触头的使用寿命；另一方面会使电路切断时间延长，甚至造成弧光短路或引起火灾事故。因此触头间的电弧应尽快熄灭。

4. 辅助部件

交流接触器的辅助部件有反作用弹簧、缓冲弹簧、触头压力弹簧、传动机构及底座、接线柱等。反作用弹簧安装在衔铁和线圈之间，其作用是线圈断电后，推动衔铁释放，带动触头复位；缓冲弹簧安装在静铁芯和线圈之间，其作用是缓冲衔铁在吸合时对静铁芯和外壳的冲击力，保护外壳；触头压力弹簧安装在动触头上面，其作用是增加动、静触头间的压力，从而增大接触面积，以减小接触电阻，防止触头过热损伤；传动机构的作用是在衔铁或反作用弹簧的作用下，带动动触头实现与静触头的接通或分断。

交流接触器在电路图中的符号如图 3-2-30 所示。

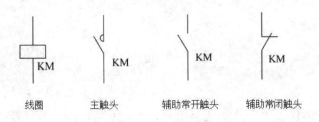

| 线圈 | 主触头 | 辅助常开触头 | 辅助常闭触头 |

图 3-2-30　接触器符号

（二）交流接触器工作原理

当接触器的线圈通电后，线圈中的电流产生磁场，使静铁芯磁化产生足够大的电磁吸力，克服反作用弹簧的反作用力将衔铁吸合，衔铁通过传动机构带动辅助常闭触头先断开，三对常开主触头和辅助常开触头先闭合；当接触器线圈断电或电压显著下降时，由于铁芯的电磁吸力消失或过小，衔铁在反作用弹簧力的作用下复位，并带动各触头恢复到原始状态。

（三）交流接触器型号及含义

交流接触器型号及含义如下：

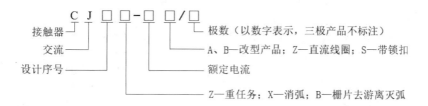

（四）交流接触器的选用

交流接触器的选用应根据负荷的类型和工作参数合理选用。具体分为以下步骤：

1. 选择接触器的类型

交流接触器按负荷种类一般分为一类、二类、三类和四类，分别记为AC1、AC2、AC3和AC4。一类交流接触器对应的控制对象是无感或微感负荷，如白炽灯、电阻炉等；二类交流接触器用于绕线式异步电动机的启动和停止；三类交流接触器的典型用途是鼠笼形异步电动机的运转和运行中分断；四类交流接触器用于笼形异步电动机的启动、反接制动、反转和点动。

2. 选择接触器主触头的额定电压

接触器主触头的额定电压应大于或等于所控制线路的额定电压。

3. 选择接触器主触头的额定电流

接触器主触头的额定电流应大于或等于负载的额定电流。控制电动机时，可按下列经验公式计算（仅适用于CJ10系列）：

$$I_C = （P_N×10^3）／KU_N$$

式中，K——经验系数，一般取1~1.4；

P_N——被控制电动机的额定功率，kW；

U_N——被控制电动机的额定电压，V；

I_C——接触器主触头电流，A。

接触器若使用在频繁启动、制动及正反转的场合，应将接触器主触头的额定电流降低一个等级使用。

4. 选择接触器吸引线圈的额定电压

当控制线路简单，可直接选用380V或220V的电压；若线路较复杂，可选用36V或110V电压的线圈，以保证安全。

5. 选择接触器触头的数量和种类

接触器的触头数量和种类应满足控制线路的要求。常用CJ10系列和CJ20系列交流接触器的技术数据分别见表 3-2-16 和表 3-2-17。

表 3-2-16　CJ10 系列交流接触器的技术数据

型号	触头额定电压（V）	主触头		辅助触头		线圈		可控制三相异步电动机最大功率（kW）		额定操作频率（次/h）
		额定电流（A）	对数	额定电流（A）	对数	电压（V）	功率（VA）	220V	380V	
CJ10-10	380	10	3	均为2常开、2常闭	5	可为36、110、220、380	11	2.2	4	≤600
CJ10-20		20					22	5.5	10	
CJ10-40		40					32	11	20	
CJ10-60		60					70	17	30	

表 3-2-17　CJ20 系列交流接触器的技术数据

型号	极数	额定工作电压 U_N（V）	约定发热电流 I_{st}（A）	额定工作电流 I_N（A）	额定操作频率（AC-3）（次/h）	机械寿命（万次）	辅助触头	
							约定发热电流 I_{st}（A）	触头组合
CJ20—10	3	220	10	10	1200	1000	10	2常开、2常闭
		380		10	1200			
		660		5.8	600			
CJ20—16		220	16	16	1200			
		380		16	1200			
		660		13	600			
CJ20—25		220	32	25	1200			
		380		25	1200			
		660		16	600			
CJ20—40		220	55	40	1200			
		380		40	1200			
		660		25	600			

128

续表

型号	极数	额定工作电压 U_N（V）	约定发热电流 I_{st}（A）	额定工作电流 I_N（A）	额定操作频率（AC-3）（次/h）	机械寿命（万次）	辅助触头	
							约定发热电流 I_{st}（A）	触头组合
CJ20—63	3	220	80	63	1200	1000	10	2 常开、2 常闭
		380		63	1200			
		660		40	600			
CJ20—100		220	125	100	1200			
		380		100	1200			
		660		63	600			
CJ20—160		220	200	160	1200			
		380		160	1200			
		660		100	600			
CJ20—160/11		1140	200	80	300			

（五）接触器的安装与使用

1. 安装前的检查

（1）检查接触器铭牌与线圈的技术数据（如额定电压、电流、操作频率等）是否符合实际使用要求。

（2）检查接触器外观，应无机械损伤；用手推动接触器可动部分时，接触器应动作灵活，无卡阻现象；灭弧罩应完整无损，固定牢固。

（3）将铁芯极面上的防锈油脂或粘在极面上的铁垢用煤油擦净，以免多次使用后衔铁被黏住，造成断电后不能释放。

（4）测量接触器的线圈电阻和绝缘电阻。

2. 接触器的安装

（1）交流接触器一般应安装在垂直面上，倾斜度不得超过5°；若有散热孔，应将有孔的一面放在垂直方向上，以利散热，并按规定留有适当的飞弧空间，以免飞弧烧坏相邻电器。

（2）安装和接线时，注意不要将零件掉入接触器内部。安装孔的螺钉应装有弹簧垫圈和平垫圈，并拧紧螺钉以防振动松脱。

（3）安装完毕，检查接线正确无误后，在主触头不带电的情况下操作几次，然后测量产品的动作值和释放值，所测数值应符合产品的规定要求。

3. 接触器日常维护

（1）应对接触器做定期检查，观察螺钉有无松动，可动部分是否灵活等。

（2）接触器的触头应定期清扫，保持清洁，但不允许涂油。当触头表面因电灼作用形成金属小颗粒时，应及时清除。

（3）拆装时注意不要损坏灭弧罩。带灭弧罩的接触器绝不允许不带灭弧罩或带破损的灭弧罩运行，以免发生电弧短路故障。

（六）接触器的常见故障及处理方法

接触器的常见故障及处理方法见表3-2-18。

表 3-2-18　接触器常见故障及处理方法

故障现象	可能原因	处理方法
吸不上或吸不足（即触头已闭合而铁芯尚未完全吸合）	电源电压太低或波动过大	调高电源电压
	操作回路电源容量不足或发生断线、配线错误及触头接触不良	增加电源容量，更换线路，修理控制触头
	线圈技术参数与使用条件不符	更换线圈
	产品本身受损	更换新品
	触头弹簧压力过大	按要求调整触头参数
不释放或释放缓慢	触头弹簧压力过小	调整触头参数
	触头熔焊	排除熔焊故障，更换触头
	机械可动部分被卡住，转轴生锈或歪斜	排除卡住现象，修理受损零件
	反力弹簧损坏	更换反力弹簧
	铁芯极面粘有油污或尘埃	清理铁芯极面
	铁芯磨损过大	更换铁芯

故障现象	可能原因	处理方法
电磁铁（交流）噪声大	电源的电压过低	提高操作回路电压
	触头弹簧压力过大	调整触头弹簧压力
	短路环断裂	更换短路环
	铁芯极面有污垢	清除铁芯极面
	磁系统歪斜或机械上卡住，使铁芯不能吸平	排除机械卡住的故障
	铁芯极面过度磨损而不平	更换铁芯
线圈过热或烧坏	电源电压过高或过低	调整电源电压
	线圈技术参数与实际使用条件不符	调换线圈或接触器
	操作频率过高	选择其他合适的接触器
	线圈匝间短路	排除短路故障，更换线圈
触头灼伤或熔焊	触头压力过小	调高触头弹簧压力
	触头表面有金属颗粒异物	清理触头表面
	操作频率过高，或工作电流过大，断开容量不够	调换容量较大的接触器
	长期过载使用	调换合适的接触器
	负载侧短路	排除短路故障，更换触头

六、继电器

继电器是一种根据输入信号的变化接通或分断小电流电路，实现自动控制和保护电力拖动装置的电器。一般情况下，继电器不直接控制电流较大的主电路，而是通过控制接触器或其他电器的线圈实现对主电路的控制。

继电器的种类很多，按输入信号的性质可分为电压继电器、电流继电器、时间继电器，温度继电器、速度继电器、压力继电器等；按工作原理可分为电磁式继电器、电动式继电器、应式继电器、晶体管式继电器和热继电器等；按输出方式可分为有触点继电器和无触点继电器。图 3-2-31 所示的是三种常用的继电器。

（a）JZ14系列中间继电器　　　（b）JR36系列热过载继电器　　　（c）JS7-A系列时间继电器

图3-2-31　三种常用的继电器

任何一种继电器，不论它们的动作原理结构形式、使用场合如何，都主要由感测机构、中间机构和执行机构三部分组成。感测机构把感测到的电量或非电量传递给中间机构，并将它与预定值（整定值）相比较，当达到预定值（过量或欠量）时，中间机构便使执行机构动作，从而接通或断开电路。

下面介绍在电力拖动中较为常用的三种继电器。

（一）电磁式继电器

电磁式继电器的结构和工作原理与接触器基本相同，它由电磁机构和触头系统组成。按吸引线圈电流的种类，可分为直流电磁式继电器和交流电磁式继电器；按其在电路中的作用，可分为中间继电器、电流继电器和电压继电器。

1. 中间继电器

中间继电器是用来增加控制电路中的信号数量或将信号放大的继电器。其输入信号是线圈的通电和断电，输出信号是触头的动作。

（1）结构原理、符号及含义。中间继电器的结构及工作原理与接触器基本相同，与接触器的主要区别在于接触器的主触头可以通过大电流，而中间继电器的触头只能通过小电流，所以，它只能用于控制电路中。中间继电器一般是没有主触点的，因为过载能力比较小，所以它用的全部都是辅助触头，且数量比较多，各对触头允许通过的电流大小相同，多数为5A。因此，对于工作电流小于5A的电气控制线路，可用中间继电器代替接触器来控制。

如图3-2-32（a）、（b）所示为JZ7系列交流中间继电器的外形和结构，中间继电器在电路图中的符号如图3-2-32（c）。

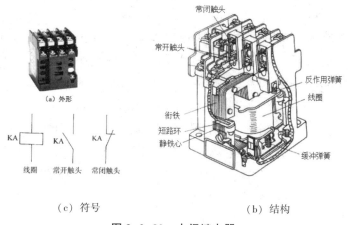

（a）外形

（c）符号　　　　　　　　　　（b）结构

图 3-2-32　中间继电器

中间继电器的型号含义如下：

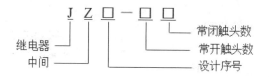

（2）选用。选用中间继电器主要依据被控制电路的电压等级、所需触头的数量、种类、容量等要求来选择。中间继电器的安装、使用、常见故障及处理方法与接触器类似。常见中间继电器的技术数据见表 3-2-19。

表 3-2-19　常见中间继电器的技术数据

型号	电压种类	触头电压（V）	触头额定电流（A）	触头组合		通电持续率（%）	吸引线圈电压（V）	吸引线圈消耗功率	额定操作频率（次/h）
				常开	常闭				
JZ7—44 JZ7—62 JZ7—80	交流	380	5	4 6 8	4 2 0	40	12、24、36、48、110、127、380、420、440、550	12VA	1200
JZ14—□□J/□	交流	380	5	6	2	40	110、127、220、380	10VA	2000
JZ14—□□Z/□	直流	220		4 2	4 6		24、48、110、220	7W	
JZ15—□□J/□	交流	380	10	6	2	40	36、127、220、380	11VA	1200
JZ15—□□Z/□	直流	220		4 2	4 6		24、48、110、220	11W	

2. 电流继电器

反映输入量为电流的继电器叫作电流继电器。使用时，电流继电器的线圈串联在被测电路中，当通过线圈的电流达到预定值时，其触头动作。为了降低串入电流继电器线圈后对原电路工作状态的影响，电流继电器线圈的匝数少、导线粗、阻抗小。电流继电器分为过电流继电器和欠电流继电器两种。

（1）过电流继电器。当通过继电器的电流超过预定值时就动作的继电器称为过电流继电器。JT4 系列过电流继电器的外形结构及工作原理如图 3-2-33 所示。它主要由线圈、圆柱形静铁芯、衔铁、触点系统和反作用弹簧等组成。

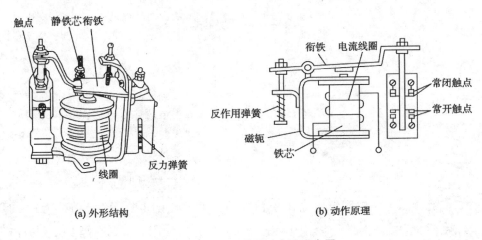

(a) 外形结构　　　　　　　　　　　　(b) 动作原理

图 3-2-33　JT4 系列过电流继电器

过电流继电器的线圈串接在主电路中，当通过线圈的电流为额定值时，它所产生的电磁吸力不足以克服反作用弹簧力，常触闭点保持闭合状态；当通过线圈的电流超过额定值时，它所产生的电磁吸力大于反作用弹簧力，铁芯吸引衔铁使常闭触点分断，切断控制回路，使负载得到保护。调节反作用弹簧力，可整定继电器动作电流。这种过电流继电器是瞬时动作的，常用于桥式起重机电路中。为避免它在启动电流较大的情况下误动作，通常把动作电流整定在启动电流的 1.1~1.3 倍，只能用作短路保护。

过电流继电器在电路中的图形符号和文字符号如图 3-2-34 所示。

常用的过电流继电器有 JT4、JL5、JL12 及 JL14 等系列，广泛应用于直流电动机或绕线转子电动机的控制电路中，用于频繁及重载启动的场合，作为电动机和主电路的过载或短路保护。

（2）欠电流继电器。当通过继电器的电流减小到低于其整定值时动作的继电器称为欠电流继电器。在线圈电流正常时这种继电器的衔铁与铁芯是吸合的。它常用

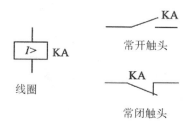

图 3-2-34　过电流继电器符号

于直流电动机励磁电路和电磁吸盘的弱磁保护。

常用的欠电流继电器有 JL14—□□ZQ 等系列产品，其结构与工作原理和 JT4 系列继电器相似。这种继电器的动作电流为线圈额定电流的 30%～65%，释放电流为线圈额定电流的 10%～20%。因此，当通过欠电流继电器线圈的电流降低到额定电流的 10%～20% 时，继电器即释放复位，其动合触点断开，动断触点闭合，给出控制信号，使控制电路做出相应的反应。

欠电流继电器在电路中的图形符号和文字符号如图 3-2-35 所示。

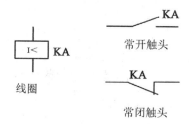

图 3-2-35　欠电流继电器符号

（3）电流继电器型号及含义。常用 JT4 系列交流通用继电器和 JL14 系列交直流通用电流继电器的型号及含义如下：

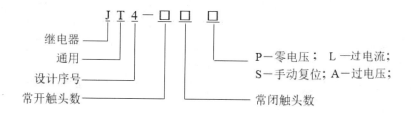

135

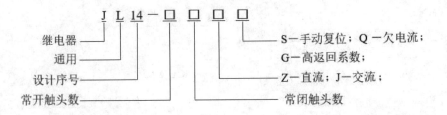

（4）电流继电器的选用。

1）电流继电器的额定电流可按电动机长期工作的额定电流来选择。对于频繁启动的电动机，额定电流可选大一个等级。

2）电流继电器的触头种类、数量、额定电流应满足控制线路要求。

3）过电流继电器的整定电流一般取电动机额定电流的 1.7~2 倍。频繁启动的场合可取电动机额定电流的 2.25~2.5 倍。欠电流继电器的整定电流一般取额定电流的 0.1~0.2 倍。

（5）安装与使用。

1）安装前应检查继电器的额定电流和整定电流值是否符合要求。

2）安装后应在触头不通电的情况下，使吸引线圈通电操作几次。

3）定期检查继电器各零部件是否有松动及损坏现象。

3. 电压继电器

反映输入量为电压的继电器叫电压继电器。使用时，电压继电器的线圈并联在被测量的电路中，根据线圈两端电压的大小而接通或断开电路。因此，电压继电器线圈的导线细、匝数多、阻抗大。

电压继电器分为过电压继电器、欠电压继电器和零电压继电器。

过电压继电器是当电压大于其整定值时动作的电压继电器，主要用于对电路或设备的过电压保护。

欠电压继电器是当电压降至某规定范围时释放的电压继电器。零电压继电器是欠压继电器的一种特殊形式，是当继电器的电压降至接近消失时才释放的电压继电器。可见，欠压继电器和零压继电器在线路正常工作时，铁芯和衔铁是吸合的。当电压降至预定值时，衔铁释放，触头复位，对电路实现欠压和零压保护。

电压继电器在电路图中的符号如图 3-2-36 所示。

电压继电器的选用，主要根据继电器线圈的额定电压、触头的数目和种类进行。电压继电器的结构、工作原理及安装使用等知识，与电流继电器类似。

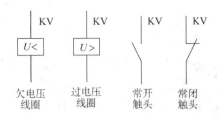

图 3-2-36　电压继电器符号

（二）时间继电器

时间继电器是一种利用电磁原理或机械动作原理来实现触头延时闭合或分断的自动控制继电器。常用的主要有电磁式、电动式、空气阻尼式、晶体管式等类型，目前在电力拖动控制线路中，应用较多的是空气阻尼式和晶体管式时间继电器。如图 3-2-37 所示为三款时间继电器的外形。

（a）JS7-A 系列空气阻尼式　　（b）JS20 系列晶体管式　　（c）JS14S 系列数显式

图 3-2-37　时间继电器

下面以 JS7-A 系列空气阻尼式时间继电器为例介绍。

1. 结构和原理

空气阻尼式时间继电器又称气囊式时间继电器，其外形和结构如图 3-2-38 所示，主要由电磁系统、延时机构和触头系统三部分组成，电磁系统为直动式双 E 形电磁铁，延时机构采用气囊式阻尼器，触头系统是借用 LX5 型微动开关，包括两对瞬时触头（1 常开 1 常闭）和两对延时触头（1 常开 1 常闭）。根据触头延时的特点，可分为通电延时动作型和断电延时复位型两种。

JS7-A 系列空气阻尼式时间继电器是利用气囊中的空气通过小孔节流的原理来获得延时动作的，其结构原理如图 3-2-39 所示。图 3-2-39（a）是通电延时型时

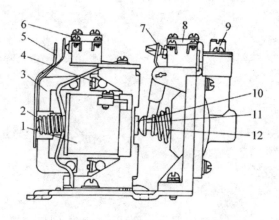

（a）外形　　　　　　　　　　　（b）结构

1—线圈　2—反力弹簧　3—衔铁　4—铁芯　5—弹簧片　6—瞬时触头　7—杠杆

8—延时触头　9—调节螺钉　10—推杆　11—活塞杆　12—宝塔形弹簧

图 3-2-38　JS7-A 型时间继电器的外形与结构

间继电器，当电磁系统的线圈通电时，微动开关 SQ_2 的触头瞬时动作，而开关 SQ_1 的触头由于气囊中空气阻尼的作用延时动作，其延时的长短取决于进气的快慢，可通过旋动调节螺钉 13 进行调节，延时范围有 0.4~60s 和 0.4~180s 两种。当线圈断电时，微动开关 SQ_1 和开关 SQ_2 的触头均瞬时复位。

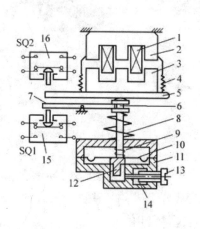

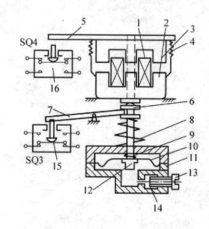

（a）通电延时型　　　　　　　　　（b）断电延时型

1—线圈　2—铁芯　3—衔铁　4—反力弹簧　5—推板　6—活塞杆　7—杠杆　8—塔形弹簧

9—弱弹簧　10—橡皮膜　11—空气室　12—活塞　13—调节螺钉　14—进气孔　15、16—微动开关

图 3-2-39　JS7-A 型时间继电器的结构原理

JS7-A 系列断电延时型和通电延时型时间继电器的组成元件是通用的。若将图 3-2-39（a）中通电延时型时间继电器的电磁机构旋出固定螺钉后反转 180°安装，即为图 3-2-39（b）所示断电延时型时间继电器。

2. 符号

时间继电器在电路图中的符号如图 3-2-40 所示。

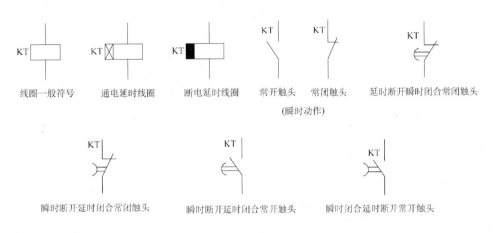

图 3-2-40 时间继电器符号

3. 型号含义及技术数据

JS7-A 系列时间继电器的型号含义如下：

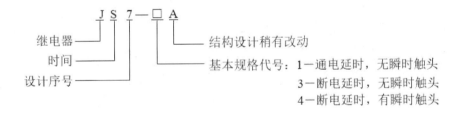

JS7-A 系列空气阻尼式时间继电器的主要技术数据见表 3-2-20。

表 3-2-20　JS7-A 系列空气阻尼式时间继电器的主要技术数据

型号	瞬时动作触头对数		有延时的触头对数				触头额定电压（V）	触头额定电流（A）	线圈电压（V）	延时范围（s）	额定操作频率（次/h）
			通电延时		断电延时						
	常开	常闭	常开	常闭	常开	常闭					
JS7-1A	—	—	1	1	—	—	380	5	24、36、110、127、220、380、420	0.4~60 及 0.4~180	600
JS7-2A	1	1	1	1	—	—					
JS7-3A	—	—	—	—	1	1					
JS7-4A	1	1	—	—	1	1					

4. 时间继电器的选用

（1）根据系统的延时范围和精度选择时间继电器的类型和系列。在延时精度要求不高的场合，一般可选用价格较低的 JS7-A 系列空气阻尼式时间继电器，反之，对精度要求较高的场合，可选用晶体管式时间继电器。

（2）根据控制线路的要求选择时间继电器的延时方式（通电延时或断电延时）。同时，还必须考虑线路对瞬时动作触头的要求。

（3）根据控制线路电压选择时间继电器吸引线圈的电压。

5. 时间继电器的安装与使用

（1）时间继电器应按说明书规定的方向安装。无论是通电延时型还是断电延时型，都必须使继电器在断电后，释放时衔铁的运动方向垂直向下，其倾斜度不得超过 5°。

（2）时间继电器的整定值，应预先在不通电时整定好，并在试车时校正。

（3）时间继电器金属底板上的接地螺钉必须与接地线可靠连接。

（4）通电延时型和断电延时型时间继电器可在整定时间内自行调换。

（5）使用时，应经常清除灰尘及油污，否则延时误差将增大。

6. 时间继电器常见故障及处理方法

JS7-A 系列时间继电器常见故障及处理方法见表 3-2-21。

表 3-2-21　JS7-A 系列时间继电器常见故障及处理方法

故障现象	可能原因	处理方法
延时触头不动作	电磁线圈断线	更换线圈
	电源电压过低	调高电源电压
	传动机构卡住或损坏	排除卡住故障或更换部件

续表

故障现象	可能原因	处理方法
延时时间缩短	气室装配不严、漏气	修理或更换气室
	橡皮膜损坏	更换橡皮膜
延时时间变长	气室内有灰尘，使气道阻塞	清除气室内灰尘，使气道畅通

空气阻尼式时间继电器的特点是延时范围大（0.4～180s），结构简单，价格低，使用寿命长，但整定精度往往较差，只适用于一般场合。

（三）热继电器

热继电器是电流通过发热元件加热使双金属片弯曲，推动执行机构动作的继电器。主要用于电动机的过载保护、断相保护、三相电流不平衡运行的保护及其他电气设备发热状态的控制。

热继电器的形式有多种，其中双金属片式热继电器应用最多。按极数划分热继电器可分为单极、两极和三极三种，其中三极的又包括带断相保护装置的和不带断相保护装置的，按复位方式分，有自动复位式（触点动作后能自动返回原来位置）和手动复位式。如图 3-2-41 所示为目前我国常用的热继电器的外形。

a）JR36 系列　　　b）JR20 系列　　　c）T 系列　　　d）JRS2（3UA）系列

图 3-2-41　常用的热继电器

1. 结构、原理及符号

热继电器的结构原理如图 3-2-42 所示，它主要由热元件、动作机构、触头系统、电流整定装置、复位机构和温度补偿元件等部分组成。热继电器的热元件由主双金属片和绕在外面的电阻丝组成。主双金属片由两种热膨胀系数不同的金属片复合而成。

热继电器使用时，将热继电器的三相热元件分别串接在电动机的三相主电路中，常闭触头串接在控制电路的接触器线圈回路中。当电动机过载时，流过电阻丝的电流超过热继电器的整定电流，电阻丝发热，主双金属片向右弯曲，推动导板向右移动，通过温度补偿双金属片推动推杆绕轴转动，从而推动触头系统动作，常闭触头断开，使接触器线圈断电，接触器触点断开，将电源切除起保护作用。电源切除后，主双金属片逐渐冷却恢复原位。

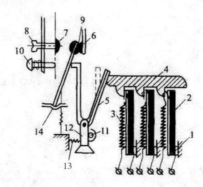

1—双金属片固定支点　2—双金属片　3—热元件　4—导板　5—补偿双金属片
6—常闭触头　7—常开触头　8—复位螺钉　9—动触点　10—复位按钮
11—调节旋钮　12—支撑　13—压簧　14—推杆

图 3-2-42　热继电器结构原理

热继电器的复位主要有手动复位和自动复位两种形式，可根据使用要求通过复位螺钉来自由调整选择。一般自动复位后时间不大于 5min，手动复位时间不大于 2min。

热继电器的整定电流，是指热继电器连续工作而不动作的最大电流。其大小可通过旋转电流整定旋钮来调节，旋钮上刻有整定电流值标尺。超过整定电流，热继电器将在负载未达到其允许的过载极限之前动作。

热继电器在电路图中的符号如图 3-2-43 所示。

图 3-2-43　热继电器符号

实践证明，三相异步电动机的缺相运行时导致电动机过热烧毁的主要原因之一。对定子绕组接成 Y 形的电动机，普通两极或三极结构的热继电器均能实现断相保护。而定子绕组接成 △ 形的电动机，必须采用三极带断相保护装置的热继电器，才能实现断相保护。

提示：

由于热继电器主双金属片受热膨胀的热惯性及传动机构传递信号的惰性，热继电器从电动机过载到触头动作需要一定的时间，也就是说，即使电动机严重过载甚至短路，热继电器也不会瞬时动作，因此热继电器不能作短路保护。但也正是这个热惯性和机械惰性，保证了热继电器在电动机启动或短时过载时不会动作，从而满足了电动机的运行要求。

2. 热继电器的型号含义及技术数据

常用 JR36 系列热继电器的型号含义如下：

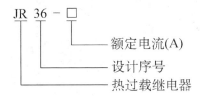

JR36 系列热继电器的主要技术数据见表 3-2-22。

表 3-2-22　JR36 系列热继电器的主要技术数据

热继电器型号	热继电器额定电流（A）	热元件等级	
		热元件额定电流（A）	电流调节范围
JR36—20	20	0.35	0.25~0.35
		0.5	0.32~0.5
		0.72	0.45~0.72
		1.1	0.68~1.1
		1.6	1~1.6
		2.4	1.5~2.4
		3.5	2.2~3.5
		5	3.2~5
		7.2	4.5~7.2
		11	6.8~11
		16	10~16
		22	14~22

续表

热继电器型号	热继电器额定电流（A）	热元件等级	
		热元件额定电流（A）	电流调节范围
JR36—32	32	16	10～16
		22	14～22
		32	20～32
JR36—63	63	22	14～22
		32	20～32
		45	28～45
		63	40～63
JR36—160	160	63	40～63
		85	53～85
		120	75～120
		160	100～160

3. 热继电器的选用

选择热继电器时，主要根据所保护的电动机的额定电流来确定热继电器的规格和热元件的电流等级。

（1）根据电动机的额定电流选择热继电器的规格。一般应使热继电器的额定电流略大于电动机的额定电流。

（2）根据需要的整定电流值选择热元件的编号和电流等级。一般情况下，热元件的整定电流应为电动机额定电流的 0.95～1.05 倍。

（3）根据电动机定子绕组的连接方式选择热继电器的结构形式，即定子绕组作 Y 形连接的电动机选用普通三相结构的热继电器，而作 △ 形连接的电动机应选用三相结构带断相保护装置的热继电器。

4. 热继电器的安装与使用

（1）热继电器必须按照产品说明书中规定的方式安装。安装处的环境温度应与电动机所处环境温度基本相同。当与其他电器安装在一起时，应注意将热继电器安装在其他电器的下方，以免其动作特性受到其他电器发热的影响。

（2）安装时，应清除触头表面尘污，以免因接触电阻过大或电路不通而影响热继电器的动作性能。

（3）热继电器出线端的连接导线，应按表 3-2-23 的规定选用。这是因为导线的粗细和材料将影响到热元件端接点传导到外部热量的多少。导线过细，轴向导热性差，热继电器可能提前动作；反之，导线过粗，轴向导热快，热继电器可能滞后动作。

表 3-2-23　热继电器连接导线选用表

热继电器额定电流（A）	连接导线截面积（mm²）	连接导线种类
10	2.5	单股铜芯塑料线
20	4	单股铜芯塑料线
60	16	多股铜芯橡皮线

5. 热继电器常见故障及处理方法

热继电器的常见故障及处理方法见表 3-2-24。

表 3-2-24　热继电器常见故障及处理方法

故障现象	故障原因	维修方法
热元件烧断	负载侧短路，电流过大	排除故障，更换热继电器
	操作频率过高	更换合适参数的热继电器
热继电器不动作	热继电器的额定电流值选用不合适	按保护容量合理选用
	整定值偏大	合理调整整定电流值
	动作触头接触不良	消除触头接触不良因素
	热元件烧断或脱焊	更换热继电器
	动作机构卡阻	消除卡阻因素
	导板脱出	重新放入导板并调试
热继电器动作不稳定，时快时慢	热继电器内部机构某些部件松动	紧固松动部件
	在检修中弯折了双金属片	用两倍电流预试几次或将双金属片拆下来进行热处理（一般约240℃）以去除内应力
	通电电流波动太大，或接线螺钉松动	检查电源电压或拧紧接线螺钉

续表

故障现象	故障原因	维修方法
热继电器动作太快	整定值偏小	合理调整整定值
	电动机启动时间过长	按启动时间要求，选择具有合适的可返回时间的热继电器或在启动过程中将热继电器短接
	连接导线太细	选用标准导线
	操作频率过高	更换合适型号的热继电器
	使用场合有强烈冲击和振动	采取防振动措施或选用带防冲击振动的热继电器
	可逆转换频繁	改用其他保护方式
	安装热继电器处与电动机处环境温差太大	按两地温差情况配置适当的热继电器
主电路不通	热元件烧断	更换热元件或热继电器
	接线螺钉松动或脱落	紧固接线螺钉
控制电路不通	触头烧坏或动触头片弹性消失	更换触头或簧片
	可调整式旋钮转到不合适的位置	调整旋钮或螺钉
	热继电器动作后未复位	按动复位按钮

（四）速度继电器

速度继电器是反映转速和转向的继电器，其主要作用是以旋转速度的快慢为指令信号，与接触器配合实现对电动机的反接制动控制，因此也称为反接制动继电器。电力拖动控制线路中常用的速度继电器有 JY1 型和 JFZ0 型，其外形如图 3-2-44 所示。

（a）JY1 型　　（b）JFZ0 型

图 3-2-44　速度继电器的外形

1. 速度继电器结构和原理

JY1 型速度继电器的结构如图 3-2-45（a）所示，它主要由定子、转子、可动支架、触点系统及端盖等部分组成。转子由永久磁铁制成，固定在转轴上；定子由硅钢片叠成并装有笼形短路绕组，能作小范围偏转；触点系统由两组转换触点组成，一组在转子正转时动作；另一组在转子反转时动作。

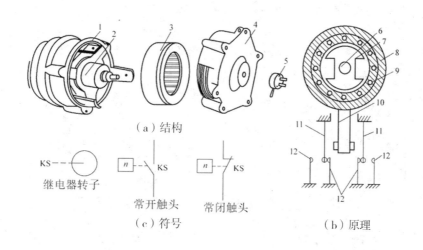

（a）结构

（c）符号

（b）原理

1—可动支架　2—转子　3—定子　4—端盖　5—连接头　6—电动机轴　7—转子（永久磁铁）
8—定子　9—定子绕组　10—胶木摆杆　11—簧片（动触头）　12—静触头

图 3-2-45　JY1 型速度继电器

JY1 型速度继电器的原理如图 3-2-45（b）所示。使用时，速度继电器的转轴与电动机的转轴 6 连接在一起。当电动机旋转时，速度继电器的转子 7 随之旋转，在空间产生旋转磁场，旋转磁场在定子绕组 9 上产生感应电动势及感应电流，感应电流又与旋转磁场相互作用而产生电磁转矩，使得定子 8 以及与之相连的胶木摆杆10 偏转。当定子偏转到一定角度时，胶木摆杆推动簧片 11，使继电器触头动作；当转子转速减小到接近零时，由于定子的电磁转矩减小，胶木摆杆恢复原状态，触头也随即复位。

速度继电器在电路图中的符号如图 3-2-45（c）所示。

2. 速度继电器的型号含义及技术数据

速度继电器的动作转速一般为 120 r/min，复位转速约在 100r/min 以下。常用的速度继电器中，YJ1 型能在 3000r/min 以下可靠地工作，JFZ0 型的两组触点改用两个微动开关，使其触点的动作速度不受定子偏转速度的影响，额定工作转速有300~1000r/min（JFZ0—1 型）和 1000~3600r/min（JFZ0—2 型）两种。

JFZ0 型速度继电器型号的含义如下：

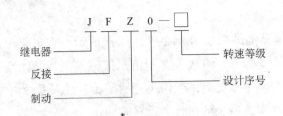

JY1 型和 JFZ0 型速度继电器的技术数据见表 3-2-25。

表 3-2-25　JY1 型和 JFZ0 型速度继电器的技术数据

型号	触头额定电压（V）	触头额定电流（A）	触头对数		额定工作转速（r/min）	允许从操作频率（次/h）
			正转动作	反转动作		
JY1			1 组转换触头	1 组转换触头	100～3000	
JFZ0—1	380	2	1 常开、1 常闭	1 常开、1 常闭	300～1000	<30
JFZ0—2			1 常开、1 常闭	1 常开、1 常闭	1000～3000	

3. 速度继电器的选用

速度继电器主要根据所需控制的转速大小、触头数量和电压、电流来选用。

4. 速度继电器的安装与使用

（1）速度继电器的转轴应与电动机同轴连接，且使两轴的中心线重合。速度继电器的轴可用联轴器与电动机的轴连接。

（2）安装接线时，应注意正反向触头不能接错，否则不能实现反接制动控制。

（3）金属外壳应可靠接地。

5. 速度继电器的常见故障及处理方法

速度继电器的常见故障及处理方法见表 3-2-26。

表 3-2-26　速度继电器的常见故障及处理方法

故障现象	可能原因	处理方法
反接制动时速度继电器失效，电动机不制动	胶木摆杆断裂	更换胶木摆杆
	触头接触不良	清洗触头表面油污
	弹性动触片断裂或失去弹性	更换弹性动触片
	笼形绕组开路	更换笼形绕组

续表

故障现象	可能原因	处理方法
电动机不能正常制动	弹性动触片调整不当	重新调节调整螺钉：将调整螺钉向下旋，弹性动触片增大，使速度较高时继电器才动作；或将调整螺钉向上旋，弹性动触片减小，使速度较低时继电器才动作

【技能训练】

熔断器的识别与检修

（一）工具、仪表及器材

（1）工具：尖嘴钳、螺钉旋具。

（2）仪表：MF47 型万用表。

（3）器材：在 RC1A、RL1、RT0、RT18、RS0 系列中，各选取不少于两种规格的熔断器。

（二）训练内容

（1）熔断器的识别训练。

（2）更换 RC1A 系列和 RL1 额熔断器的熔体。

（三）训练步骤

1. 熔断器的识别训练

（1）在教师指导下，仔细观察各种不同类型、规格的熔断器外形和结构特点。

（2）由指导教师从所给熔断器中任选五只，用胶布盖住其型号并编号，由学生根据实物写出其名称、型号规格及主要组成部分，填入表 3-2-27 中。

表 3-2-27 熔断器识别

序号	1	2	3	4	5
名称					
型号规格					
主要结构					

2. 更换 RC1A 系列和 RL1 系列熔断器的熔体

（1）检查所给熔断器的熔体是否完好。对 RC1A 系列可拔下瓷盖进行检查；对 RL1 系列应首先查看其熔断指示器。

（2）若熔体已熔断，应按原规格选配熔体。

（3）更换熔体。对 RC1A 系列熔断器，安装熔丝时，熔丝缠绕方向一定要正确，安装过程中不得损伤熔丝。对 RL1 系列熔断器，熔断管不能倒装。

（4）用万用表检查更换熔体后的熔断器各部分接触是否良好。

（四）评分标准

评分标准见表 3-2-28。

表 3-2-28　评分标准

项目	配分	评分标准		扣分
熔断器识别	50 分	①写错或漏写名称	每只扣 5 分	
		②写错或漏写型号	每只扣 5 分	
		③漏写主要部件	每只扣 4 分	
更换熔体	50 分	①检查方法不正确	扣 10 分	
		②不能正确选配熔体	扣 10 分	
		③更换熔体方法不正确	扣 10 分	
		④损伤熔体	扣 20 分	
		⑤更换熔体后熔断器断路	扣 25 分	
安全文明生产	违反安全文明生产规程		扣 5~40 分	
定额时间	60min，每超时 5min（不足 5min 以 5min 计）		扣 5 分	
备注	除定额时间外，各项目的最高扣分不应超过配分数	成绩		
开始时间		结束时间	实际时间	

低压开关的识别与检修

（一）工具、仪表及器材

（1）工具：电工常用工具。

（2）仪表：ZC25—3 型兆欧表（500V、0~500MΩ）、MF47 型万用表。

（3）器材：开启式负荷开关一只（HK1系列）、组合开关一只（HZ10—25型）。

（二）训练内容

（1）识别低压开关。
（2）检测低压开关。

（三）训练步骤

1. 识别低压开关

（1）在教师指导下，仔细观察各种不同类型、规格的低压开关，熟悉它们的外形、型号、主要技术参数的意义、功能、结构及工作原理等。

（2）将所给低压开关的铭牌数据用胶布盖住并编号，由学生根据实物写出各电器的名称、型号规格及文字符号，画出图形符号，填入表3-2-29中。

表3-2-29 低压开关的识别

序号	1	2	3	4	5	6	7	8	9	10
名称										
型号规格										
文字符号										
图形符号										

2. 检测低压开关

将低压开关的手柄扳到合闸位置，用万用表的电阻挡测量各对触头之间的接触情况。再用兆欧表测量每两相触头之间的绝缘电阻。

（四）评分标准

评分标准见表3-2-30。

表 3-2-30　评分标准

项目	配分	评分标准		扣分
识别低压开关	50分	①写错或漏写名称	每只扣5分	
		②写错或漏写型号	每只扣5分	
		③写错符号	每只扣5分	
检测低压开关	50分	①仪器使用方法错误	扣10分	
		②检测方法或结果有误	扣10分	
		③损伤仪表电器	扣20分	
		④不会检测	扣40分	
安全文明生产	违反安全文明生产规程		扣5~40分	
定额时间	60min 每超时 5min（不足 5min 以 5min 计）		扣5分	
备注	除定额时间外，各项目的最高扣分不应超过配分数		成绩	
开始时间		结束时间	实际时间	

低压断路器的识别与检修

（一）工具、仪表及器材

（1）工具：电工常用工具。

（2）仪表：ZC25—3 型兆欧表（500V、0~500MΩ）、MF47 型万用表。

（3）器材：低压断路器（DZ5—20 型、DZ47 型、DW10 型）各一只。

（二）训练内容

熟悉低压断路器的结构和原理。

（三）训练步骤

（1）将一只 DZ5—20 型塑壳式低压断路器的外壳拆开，认真观察其结构，理解其控制和保护原理，并将主要部件的作用和有关参数填入表 3-2-31 中。

152

表 3-2-31 低压断路器结构

主要部件名称	作用	参数
电磁脱扣器		
热脱扣器		
触头		
按钮		

（2）画出低压断路器图形符号，并写出其文字符号。

（四）评分标准

评分标准见表 3-2-32。

表 3-2-32 评分标准

项目	配分	评分标准		扣分
低压断路器识别	100 分	①主要部件的作用写错 ②参数漏写或写错	每项扣 5 分	
安全文明生产	违反安全文明生产规程		扣 5~40 分	
定额时间	60min 每超时 5min（不足 5min 以 5min 计）		扣 5 分	
备注	除定额时间外，各项目的最高扣分不应超过配分数	成绩		
开始时间		结束时间	实际时间	

主令电器的识别与检修

（一）工具、仪表及器材

（1）工具：电工常用工具。

（2）仪表：ZC25—3 型兆欧表（500V、0~500MΩ）、MF47 型万用表。

（3）器材：各种规格型号按钮一只、各种规格型号行程开关一只、各种万能转换开关一只、主令控制器一只。

（二）训练内容

（1）识别主令电器。

（2）检测按钮和行程开关。

（3）万能转换开关、主令控制器的检测。

（三）训练步骤

1. 识别主令电器

（1）在教师指导下，仔细观察各种不同类型、规格的主令电器，熟悉它们的外形、型号、主要技术参数的意义、功能、结构及工作原理等。

（2）将所给主令电器的铭牌数据用胶布盖住并编号，由学生根据实物写出各主令电器的名称、型号规格及文字符号，画出图形符号，填入表 3-2-33 中。

表 3-2-33　主令电器的识别

序号	1	2	3	4	5	6	7	8
名称								
型号								
文字符号								
图形符号								

2. 检测按钮和行程开关

拆开外壳观察其内部结构。比较按钮和行程开关的相似和不同之处，理解常开触头、常闭触头和复合触头的动作情况，用万用表的电阻挡测量各对触头之间的接触情况，分辨常开触头和常闭触头。

3. 万能转换开关、主令控制器的检测

（1）认真观察、比较两种主令电器，熟悉它们的外形。型号和功能，用兆欧表测量各触头的对地电阻，其值应不小于 0.5MΩ。

（2）用万用表依次测量手柄置于不同位置时各对触头的通断情况，根据测量结果分别作出两种主令电器的触头分合表，并与给出的分合表对比，初步判断触头的工作情况是否良好。

（3）打开外壳，仔细观察、比较它们的结构和动作过程，指出主要零部件的名称，理解工作原理。

（4）检查各对触头的接触情况，若触头接触不良应予以修整。

（5）合上外壳，转动手柄检查转动是否灵活、可靠，并再次用万用表依次测量手柄置于不同位置时各触头的通断情况，看是否与给定的触头分合表相符。

（四）评分标准

评分标准见表3-2-34。

表 3-2-34 评分标准

项目	配分	评分标准		扣分
识别主令电器	40分	①写错或漏写名称	每只扣5分	
		②写错或漏写型号	每只扣5分	
		③写错符号	每只扣5分	
检测主令电器	60分	①仪表使用方法错误	扣10分	
		②测量结果有误	每次扣5分	
		③触头分合表有误每错一处	扣5分	
		④检查修整触头错误	扣10分	
		⑤损坏仪表电器	扣20分	
		⑥不会检测	扣40分	
安全文明生产	违反安全文明生产规程		扣5~40分	
定额时间	60min，每超时5min（不足5min以5min计）		扣5分	
备注	除定额时间外，各项目的最高扣分不应超过配分数	成绩		
开始时间		结束时间		实际时间

接触器的识别、拆装与检修

（一）工具、仪表及器材

（1）工具：电工常用工具、镊子等。

155

（2）仪表：ZC25—3 型兆欧表（500V、0～500MΩ）、MF47 型万用表、MG3-1 型钳形电流表。

（3）器材：常用交流接触器。

（二）训练内容

（1）交流接触器的识别。

（2）CJ10—20 交流接触器的拆装与检修。

（三）训练步骤

1. 交流接触器的识别

（1）在教师指导下，仔细观察各种不同系列、规格的交流接触器，熟悉它们的外形、型号及主要技术参数的意义、结构、工作原理及主触头、辅助常开触头和常闭触头、线圈的接线柱等。

（2）用胶布盖住型号并编号，由学生根据实物写出各接触器的系列名称、型号、文字符号，画出图形符号，填入表 3-2-35 中，并简述接触器的主要结构和工作原理。

表 3-2-35　接触器的识别

序号	1	2	3	4	5	6
系列名称						
型号						
文字符号						
图形符号						
主要结构						
工作原理						

2. CJ10—20 交流接触器的拆装与检修

（1）交流接触器的拆卸。

1）卸下灭弧罩；

2）拉紧主触头定位弹簧夹，将主触头侧转 45 度后，取下主触头和压力弹簧片；

3）松开辅助常开静触头的螺钉，卸下常开静触头；

4）用手按压底盖板，并卸下螺钉；

5）取出静铁芯和静铁芯支架及缓冲弹簧；

6）拔出线圈弹簧片，取出线圈；

7）取出反作用弹簧；

8）取出动铁芯和塑料支架，并取出定位销。

（2）交流接触器的检修。

1）检查灭弧罩有无破裂或烧损，清除灭弧罩内的金属飞溅物和颗粒。

2）检查触头的磨损程度，磨损严重时应更换触头。若不需更换，则清除触头表面上烧毛的颗粒。

3）清除铁芯端面的油垢，检查铁芯有无变形及端面接触是否平整。

4）检查触头压力弹簧及反作用弹簧是否变形或弹力不足，如有需要则更换弹簧。

5）检查电磁线圈是否有短路、断路及发热变色现象。

（3）交流接触器的装配。

按拆卸的逆顺序进行装配。

（4）自检。

用万用表的欧姆挡检查线圈及各触头是否良好；用兆欧表测量各触头间及主触头对地电阻是否符合要求；用手按动主触头检查运动部分是否灵活，以防产生接触不良、振动和噪声。

注意事项：

（1）拆装接触器时，应备有盛放零件的容器，以免丢失零件。

（2）拆装过程中，不允许硬撬元件，以免损坏电器。装配辅助静触头时，要防止卡住动触头。

（3）接触器通电校验时，应把接触器固定在控制板上。通电校验过程中，要均匀、缓慢地改变调压变压器的输出电压，以使测量结果尽量准确，并应有教师监护，以确保安全。

（4）调整触头压力时，注意不要损坏接触器的主触头。

常用继电器的识别

（一）工具及器材

（1）工具：电工常用工具。

（2）器材：JZ7 中间继电器；JT4 电流继电器和电压继电器；JS7—A、JS—20 时间继电器；JR36、3UA 热继电器；JY1 速度继电器。

（二）训练内容

常用继电器的识别。

（三）训练步骤

（1）在教师指导下，仔细观察不同类型、不同系列、不同规格的继电器。熟悉它们的外形、型号及主要技术参数的意义、结构、工作原理、接入电路的元器件及其接线柱等。

（2）根据指导教师给出的元件清单，从所给继电器中正确选出清单中的继电器。

（3）由指导教师从所给继电器中选取5~6件，用胶布盖住型号并编号，由学生根据实物写出它们的系列名称、型号、文字及图形符号，填入表3-2-36中，并简述各继电器的主要功能和主要参数。

表3-2-36　常用继电器的识别

序号	1	2	3	4	5	6
系列名称						
型号						
文字及图形符号						
主要功能						
主要参数						

（4）将热继电器的动作值整定至规定值。

（5）检查热继电器的复位方式，并将它调整到手动复位方式。

（6）将时间继电器的动作值整定至规定值。

注意事项：

（1）训练过程中注意不得损坏继电器。

（2）JT4 系列电压继电器与电流继电器的外形和结构相似，但线圈不同，刻度值不同，应注意其区别。

（3）热继电器和时间继电器的整定值由指导教师根据继电器的规格在现场给出。

（四）评分标准

评分标准见表3-2-37。

表3-2-37　评分标准

项目	配分	评分标准		扣分
继电器的识别	60分	①不能按清单选出继电器	每只扣5分	
		②写错或漏写名称、型号	每只扣5分	
		③写错或漏写符号	每项扣5分	
		④写错或漏写作用、参数	每只扣5分	
热继电器的整定	30分	①不会整定热继电器的动作值	扣10分	
		②不会调节热继电器的复位方式	扣10分	
		③不会整定时间继电器的动作值	扣10分	
安全文明生产	10分	违反安全文明生产规程	每次扣2分	
定额时间	50min，每超时5min（不足5min以5min计）		扣5分	
备注	除定额时间外，各项目的最高扣分不应超过配分数		成绩	
开始时间		结束时间	实际时间	

时间继电器的检修与校验

（一）工具及器材

（1）工具：电工常用工具、电烙铁等。

（2）器材：器材见表3-2-38。

表 3-2-38 器材明细表

代号	名称	型号	规格	数量
	时间继电器	JS7-2A	线圈电压 380V	1
KT	组合开关	HZ10 25/3	三极、25A	1
QS	熔断器	RL1 15/2	500V、15A、配熔体 2A	1
FU	按钮	LA4 3H	保护式、按钮数 3	1
SB1、SB2	指示灯		220V、15W	1
HL	控制板		500mm×400mm×20mm	1
	导线		1.0mm²	若干

（二）训练内容

（1）整修 JS7-2A 型时间继电器的触点。

（2）JS7-2A 型时间继电器改装成 JS7-4A 型，并校验。

（三）训练步骤

1. 整修 JS7-2A 型时间继电器的触点

（1）松下延时或瞬时微动开关的紧固螺钉，取下微动开关。

（2）均匀用力慢慢撬开并取下微动开关盖板。

（3）小心取下动触头及附件，要防止用力过猛而弹失小弹簧和薄垫片。

（4）进行触头整修。整修时，不允许用砂纸或其他研磨材料，而应使用锋利的刀刃或细锉修平，然后用净布擦净，不得用手指直接接触触头或用油类润滑，以免玷污触头。整修后的触头应做到接触良好。若无法修复应调换新触头。

（5）按拆卸的逆顺序进行装配。

（6）手动检查微动开关的分合是否瞬间动作，触头接触是否良好。

2. JS7-2A 型时间继电器改装成 JS7-4A 型，并校验

（1）松开线圈支架紧固螺钉，取下线圈和铁芯总成部件。

（2）将总成部件沿水平方向旋转 180°后，重新旋上紧固螺钉。

（3）观察延时和瞬时触头的动作情况。将其调整在最佳位置上。调整延时触头时，可旋松线圈和铁芯总成部件的安装螺钉，向上或向下移动后再旋紧。调整瞬时触头时，可松开安装瞬时微动开关底板上的螺钉，将微动开关向上或向下移动后再旋紧。

（4）旋紧各安装螺钉，进行手动检查；若达不到要求须重新调整。

（5）将整修和装配好的时间继电器按如图3-2-46所示连入线路，进行通电校验。

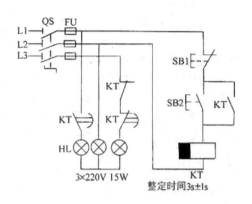

图 3-2-46 JS7-A 系列时间继电器校验电路图

（6）通电校验要做到一次通电校验合格。通电校验合格的标准为：在 1min 内通电频率不少于 10 次做到各触点工作良好吸合时无噪声，铁芯释放无延缓，并且每次动作的延时时间一致。

注意事项：

（1）拆卸时，应备有盛放零件的容器，以免丢失零件。

（2）整修和改装过程中，不允许硬撬，以防止损坏电器。

（3）在进行校验接线时，要注意各接线端子上线头间的距离，防止产生相间短路故障。

（4）通电校验时，必须将时间继电器紧固在控制板上并可靠接地，且有指导教师监护，以确保用电安全。

（5）改装后的时间继电器，在使用时要将原来的安装位置水平旋转180°，使衔铁释放时的运动方向始终保持垂直向下。

（四）评分标准

评分标准见表3-2-39。

表 3-2-39　评分标准

项目	配分	评分标准		扣分
整修和改装	50	①丢失或损坏零件	每个扣 10 分	
		②改装错误或扩大故障	扣 40 分	
		③整修或改装步骤或方法不正确	每次扣 5 分	
		④整修和改装不熟练	扣 10 分	
		⑤整修和改装后不能装配，不能通电	扣 50 分	
通电校验	50	①不能进行通电校验	扣 50 分	
		②校验线路接错	扣 20 分	
		③通电校验不符合要求		
		● 吸合时有噪声	扣 20 分	
		● 铁芯释放缓慢	扣 15 分	
		● 延时时间误差，每超过 1s	扣 10 分	
		● 其他原因造成不成功	每次扣 10 分	
		④安装元件不牢固或漏接地线	扣 15 分	
安全文明生产		违反安全文明生产规程	扣 5~40 分	
定额时间		90min，每超时 5min（不足 5min 以 5min 计）	扣 5 分	
备注		除定额时间外，各项目的最高扣分不应超过配分数	成绩	
开始时间		结束时间	实际时间	

热继电器的校验

（一）工具、仪表及器材

（1）工具：螺钉旋具、电工刀、尖嘴钳等。

（2）仪表：交流电流表（5A）、秒表。

（3）器材：元件明细表见表 3-2-40。

表 3-2-40 元件明细表

代号	名称	型号规格	数量
FR	热继电器	JR16-20、热元件 16A	1
TC1	接触式调压器	TDGC2-5/0.5	1
TC2	型变压器	DG-5/0.5	1
QS	开启式负荷开关	HK1-30、二极	1
TA	电流互感器	HL24、100/5A	1
HL	指示灯	220V、15W	1
	控制板	500mm×400 mm×20mm	1
	导线	BVR-4.0、BVR-1.5	若干

（二）训练内容

（1）观察热继电器的结构和原理。

（2）热继电器的校验和调整。

（三）训练步骤

1. 观察热继电器的结构和原理

将热继电器的后绝缘盖板卸下，仔细观察热继电器的结构，指出动作机构、电流整定装置、复位按钮及触头系统的位置，并能叙述它们的作用。

2. 热继电器的校验和调整

热继电器更换热元件后应进行校验调整，方法如下：

（1）按如图 3-2-47 所示连好校验电路。将调压变压器的输出调到零位置。将热继电器置于手动复位状态并将整定值旋钮置于额定值处。

（2）经教师审查同意后，合上电源开关 QS，指示灯 HL 亮。

（3）将调压变压器输出电压从零升高，使热元件通过的电流升至额定值，1h 内热继电器应不动作；若 1h 内热继电器动作，则应将调节旋钮向整定值大的方向旋动。

（4）接着将电流升至 1.2 倍额定电流，热继电器应在 20min 内动作，指示灯 HL 熄灭；若 20min 内不动作，则应将调节旋钮向整定值小的位置旋动。

（5）将电流降至零，待热继电器冷却并手动复位后，再调升电流至 1.5 倍额定值，热继电器应在 2min 内动作。

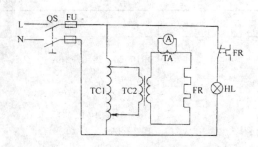

图 3-2-47 热继电器校验电路图

（6）再将电流降至零，待热继电器冷却并复位后，快速调升电流至 6 倍额定值，分断 QS 再随即合上，其动作时间应大于 5s。

3. 复位方式的调整

热继电器出厂时，一般都调在手动复位，如果需要自动复位，可将复位调节螺钉顺时针旋进。自动复位时应在动作后 5min 内自动复位；手动复位时，在动作 2min 后，按下手动复位按钮，热继电器应复位。

注意事项：

（1）校验时的环境温度应尽量接近工作环境温度，连接导线长度一般不应小于 0.6m，连接导线的截面积应与使用时的实际情况相同。

（2）校验过程中电流变化较大，为使测量结果准确，校验时注意选择电流互感器的合适量程。

（3）通电校验时，必须将热继电器、电源开关等固定在校验板上，并有指导教师监护，以确保用电安全。

（4）电流互感器通电过程中，电流表回路不可开路，接线时应充分注意。

（四）评分标准

评分标准见表 3-2-41。

表 3-2-41 评分标准

项目	配分	评分标准		扣分
热继电器的结构	30	①不能指出热继电器各部件的位置	每个扣 4 分	
		②不能说出各部件的作用	每个扣 5 分	

续表

项目	配分	评分标准		扣分
热继电器的校验	50	①不能根据图纸接线	扣20分	
		②互感器量程选择不当	扣10分	
		③操作步骤错误	每步扣5分	
		④电流表未调零或读数不准确	扣10分	
		⑤不会调整动作值	扣10分	
复位方式的调整	20	不会调整复位方式	扣20分	
安全文明生产		违反安全文明生产规程	扣5~40分	
定额时间		90min，每超时5min（不足5min以5min计）	扣5分	
备注		除定额时间外，各项目的最高扣分不应超过配分数	成绩	
开始时间		结束时间	实际时间	

【任务小结】

　　本任务中，我们学习了常用低压电器的结构、类别和型号意义，掌握了常用低压电器的工作原理及用途；通过技能训练，我们掌握了常用低压电器的识别方法与检修技巧。

【任务评价】

　　根据你对本任务的学习和表现情况，填写以下评价表。

表3-2-42　任务评价表

任务名称			
任务时间		组　号	
小组成员			
检查内容			
咨询			
（1）明确任务学习目标			是 □ 否 □
（2）查阅相关学习资料			是 □ 否 □

计划		
（1）分配工作小组		是 □ 否 □
（2）自学安全操作规程		是 □ 否 □
（3）小组讨论安全、环保、成本等因素，制订学习计划		是 □ 否 □
（4）教师是否已对计划进行指导		是 □ 否 □
实施		
准备工作	（1）正确准备工具、仪表和器材	是 □ 否 □
	（2）具备各种常用低压电器相关知识	是 □ 否 □
技能训练	（1）正确识别与检修熔断器	是 □ 否 □
	（2）正确识别与检修低压开关	是 □ 否 □
	（3）正确识别与检修低压断路器	是 □ 否 □
	（4）正确识别与检修主令电器	是 □ 否 □
	（5）正确识别与检修接触器	是 □ 否 □
	（6）正确识别与检修常用继电器	是 □ 否 □
	（7）正确识别与检修时间继电器	是 □ 否 □
	（8）正确识别与检修热继电器	是 □ 否 □
安全操作与环保		
（1）工装整洁		是 □ 否 □
（2）遵守劳动纪律，注意培养一丝不苟的敬业精神		是 □ 否 □
（3）注意安全用电，做好电气设备的保养措施		是 □ 否 □
（4）严格遵守本专业操作规程，符合安全文明生产要求		是 □ 否 □
你在本次任务中有什么收获？		

续表

在电动机控制电路中，熔断器为什么只能作短路保护，而不能作为过载保护使用？
所学主令电器中，按钮和行程开关有哪些使用之处？
画出熔断器、低压断路器、按钮开关、交流接触器、时间继电器的电路图符号。
组长签名： 日期：
教师审核：
教师签名： 日期：

【思考与练习】

（1）实际生活中，常见的熔断器有哪些？我们应该如何选用熔断器？

（2）比较负荷开关和组合开关的不同？举例说明在实际生产或生活中应用这两种开关的例子。

（3）简述低压断路器的基本结构与工作原理。

（4）选用接触器主要考虑哪几方面？

（5）熔断器和热继电器都是保护电器，两者能否相互代替使用？为什么？

（6）什么是时间继电器？常用的时间继电器有哪几种？

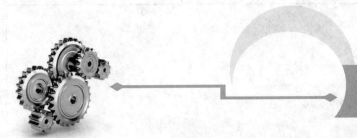

项目四

室内电气布线和电气照明

任务一　导线基本操作技能

【任务导入】

在日常的电气安装工作中，常常需要把一根导线与另一根导线连接起来，因此，导线连接的好与坏关系到用电安全问题。导线基本操作技能是电气从业人员必备的一项基本技能（见图 4-1-1）。

图 4-1-1　导线

【学习目标】

知识目标：

（1）掌握导线概念及种类；

（2）掌握接头概念及单芯导线连接基本要求；

（3）掌握单芯导线、多芯导线的连接方法。

技能目标：

（1）会单芯导线绝缘层的剥削；

（2）会单芯导线连接、多芯导线的连接；

（3）会导线的敷设。

素质目标：

（1）培养学生做事认真、仔细，注重细节的习惯；

（2）培养学生爱护公物和实训设备，摆放东西规范有序的习惯；

（3）培养学生符合职业岗位要求的素养和团结协作精神。

【知识链接】

一、导线及其种类

导线，工业上也称为"电线"，是用来导电的。一般由铜或铝制成，也有用银线所制，用银制成导线，其导电热性好，但价格昂贵。

导线的种类繁多。按制造的材料可分为铜导线、铝导线、钢芯铝绞线等。按芯线形式可分为单股导线（硬导线）、多股导线（软导线），按结构特点又可分为裸导线、绝缘导线和电缆线等。如图 4-1-2 所示。

（a）多股导线

（b）多股铜导线

（c）钢芯铝绞线类

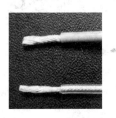
（d）铝多股导线

（e）单股铜导线

（f）电缆线

图 4-1-2 导线种类

二、导线的连接

（一）导线连接要求

在布线过程中常常会遇到线路分支、导线断开或导线与接线桩的连接等情况，需要对导线进行连接。为了尽量避免事故发生，对导线接头的技术要求为：

（1）接触紧密，接头电阻尽可能小，稳定性好，与同长度、同截面导线的电阻比值不应大于1。

（2）接头的机械强度不应小于导线机械强度的80%。

（3）接头处应耐腐蚀。

（4）连接处的绝缘强度必须良好，其性能应与原导线的绝缘强度一样。

（二）导线绝缘层的剖削

1. 塑料硬线绝缘层的剖削

芯线截面为 4mm² 或以下的塑料硬线，一般用钢丝钳进行剖削，如图 4-1-3 所示，剖削方法如下：

（1）用左手握住电线，根据线头所需长短用钢丝钳口切割绝缘层，但不可切入芯线；

（2）用右手握住钢丝钳头部用力向外去除塑料绝缘层；

（3）如发现芯线损伤较大应重新剖削。

芯线截面大于 4mm² 的塑料硬线，可用电工刀来剖削绝缘层，如图 4-1-4 所示，剖削方法如下：

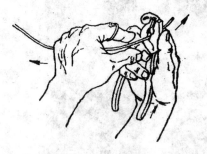

图 4-1-3　用钢丝钳剖削塑料硬线

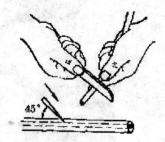

图 4-1-4　用电工刀剖削塑料硬线

1）根据需要的长度用电工刀以 45°角倾斜切入塑料绝缘层；

2）然后刀面与芯线保持 25°角左右，用力向线端推削，不可切入芯线，削去上面一层塑料绝缘；

3）将下面塑料绝缘层向后扳翻，然后用电工刀切去。

2. 塑料软线绝缘层的剖削

塑料软线绝缘层的去除不能用电工刀剖削，而应用剥线钳或钢丝钳剖削。

3. 塑料护套线绝缘层的剖削

如图4-1-5所示，塑料护套线绝缘层分为外层的公共护套层和内部每根芯线的绝缘层。公共护套层必须用电工刀来剖削，方法如下：

 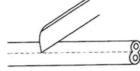 

（a）塑料护套线 　　（b）划开护套层 　　（c）翻起切去护套层

图4-1-5　塑料护套线绝缘层的剖削

（1）按所需长度用电工刀刀尖对准芯线缝隙间划开护套层；

（2）向后扳翻护套层，用电工刀切去；

（3）用钢丝钳或电工刀剖削每根芯线的绝缘层，切口应离护套层5~10mm。

4. 橡皮线绝缘层的剖削

如图4-1-6所示，橡皮线绝缘层外面有一层柔韧的纤维编织保护层，先用剖削护套线护套层的办法，用电工刀尖划开纤维编织层，并将其扳翻后齐根切去；再用剖削塑料硬线绝缘层的方法，除去橡皮绝缘层。如果橡皮绝缘层内的芯线上包缠着棉纱，可将该棉纱层松开，齐根切去。

 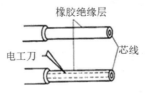

（a）划开编织层 　　　　（b）剖削橡皮绝缘层

图4-1-6　橡皮线绝缘层的剖削

（三）导线线头的连接

1. 单股铜芯导线直接连接（小截面积导线）

如图 4-1-7 所示，单股铜芯导线直线连接示意图；图 4-1-8 为单股铜芯导线直接连接步骤示意图。

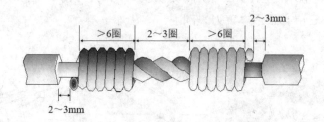

图 4-1-7　单股铜芯导线直线连接示意图

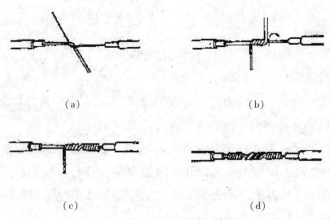

图 4-1-8　单股铜芯导线直线连接步骤示意图

（1）先将两导线端去其绝缘层后作 X 相交，如图 4-1-8（a）所示；

（2）互相绞合 2~3 匝后扳直，如图 4-1-8（b）所示；

（3）两线端分别紧密向芯线上并绕 6 圈，多余线端剪去，如图 4-1-8（c）所示；

（4）钳平切口，如图 4-1-8（d）所示。

2. 单股铜芯导线 T 字分支连接（小截面积导线）

如图 4-1-9 所示，单股铜芯导线 T 字分支连接示意图。

（1）支线端和干线十字相交，使支线芯线根部留出 3mm 后在干线缠绕一圈，再环绕成结状，收紧线端向干线并绕 6~8 圈剪平切口。如图 4-1-9（a）所示。

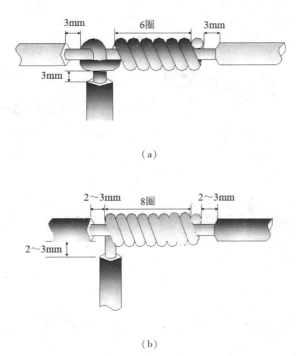

（a）

（b）

图 4-1-9　单股铜芯导线 T 字分支连接

（2）如果连接导线截面较大，两芯线十字相交后，直接在干线上紧密缠 8 圈即可。如图 4-1-9（b）所示。

3. 单股铜芯导线和多芯软导线连接

如图 4-1-10 所示，先将多芯软线拧成单股导线，再在单芯硬导线缠绕 7~8 圈，最后将单股芯硬线向后弯曲以防止绑脱落。

图 4-1-10　单股铜芯导线和多芯软导线连接

4. 7 股铜芯线的直接连接

（1）先将剖去绝缘层的芯线头散开并拉直，然后把靠近绝缘层约 1/3 线段的芯线绞紧，接着把余下的 2/3 芯线分散成伞状，并将每根芯线拉直，如图 4-1-11（a）所示。

（2）把两个伞状芯线隔根对叉，并将两端芯线拉平，如图 4-1-11（b）所示。

173

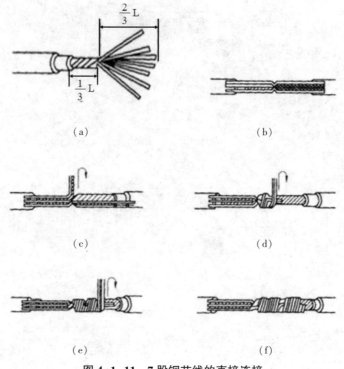

图 4-1-11　7 股铜芯线的直接连接

（3）把其中一端的 7 股芯线按两根、三根分成三组，把第一组两根芯线扳起，垂直于芯线紧密缠绕，如图 4-1-11（c）所示。

（4）缠绕两圈后，把余下的芯线向右拉直，把第二组的两根芯线扳直，与第一组芯线的方向一致，压着前两根扳直的芯线紧密缠绕，如图 4-1-11（d）所示。

（5）缠绕两圈后，也将余下的芯线向右扳直，把第三组的三根芯线扳直，与前两组芯线的方向一致，压着前四根扳直的芯线紧密缠绕，如图 4-1-11（e）所示。

（6）缠绕三圈后，切去每组多余的芯线，钳平线端，如图 4-1-11（f）所示。

（7）除了芯线缠绕方向相反，用同样方法缠绕另一端芯线。

5. 7 股铜芯线的分支连接

如图 4-1-12 所示，在支线留出的连接线头 1/8 根部进一步绞紧，余部分散，支线线头分成两组，四根一组的插入干线的中间，将三股芯线的一组往干线一边按顺时针缠 3~4 圈，剪去余线，钳平切口。另一级用相同方法缠绕 4~5 圈，剪去余线。

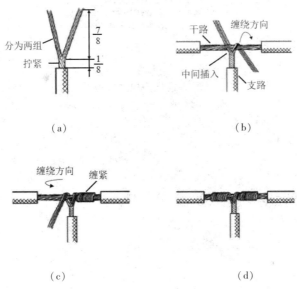

图4-1-12 7股铜芯线的分支连接

6. 双芯或多芯电线电缆的连接

双芯护套线、三芯护套线或电缆、多芯电缆在连接时，应注意尽可能将各芯线的连接点互相错开位置，可以更好地防止线间漏电或短路。如图4-1-13（a）所示为双芯护套线的连接情况；图4-1-13（b）所示为三芯护套线的连接情况；图4-1-13（c）所示为四芯电力电缆的连接情况。

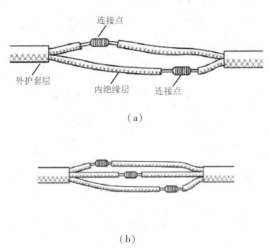

图4-1-13 三芯护套线的连接

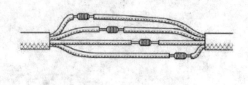

(c)

图 4-1-13 四芯电力电缆的连接（续）

（四）线头与接线桩的连接

常见接线桩有三种形式，即平压式、瓦形和针孔式。相应地，单股导线、多股导线与不同接线桩的连接方法也有所不同。

1. 线头与平压式接线桩的连接

如图 4-1-14 所示，单股芯线连接圈弯法。

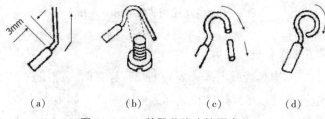

（a）　　　　（b）　　　　（c）　　　　（d）

图 4-1-14　单股芯线连接圈弯法

如图 4-1-15 所示，多股芯线连接方法。

（1）对多股芯线先绞紧，顺着螺钉旋转方向绕螺钉一圈；

（2）再将线头根部绕一圈，然后旋紧螺钉，剪去余下的芯线。

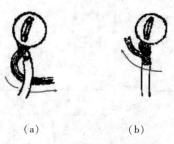

（a）　　　　　　（b）

图 4-1-15　多股芯线连接方法

2. 线头与瓦形接线桩的连接方法

（1）将单股芯线端按略大于瓦形垫圈直径弯成"U"形，螺钉穿过"U"形孔

176

压在垫圈下旋紧；如图 4-1-16 （a） 所示。

（2）如果两个线头接在同一接线桩上，两个线头都按略大于瓦形垫圈直径弯成"U"形按相反方向叠在一起，螺钉穿过"U"形孔压在垫圈下旋紧；如图 4-1-16 （b） 所示。

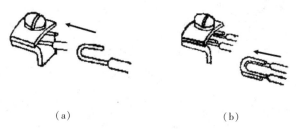

（a）　　　　　　　　　　（b）

图 4-1-16　线头与瓦形接线桩的连接方法

3. 多股芯线与针孔式线桩的连接

（1）针孔大小适宜，直接插入针孔，如图 4-1-17 （a） 所示。

（2）针孔过大，线头排绕一层，再插入针孔，如图 4-1-17 （b） 所示。

（3）针孔过小，线头剪断两股再绞紧，如图 4-1-17 （c） 所示。

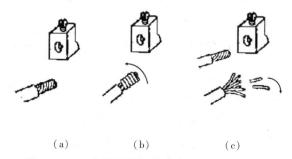

（a）　　　　（b）　　　　（c）

图 4-1-17　多股芯线与针孔式线桩的连接方法

（五）导线绝缘层的恢复

通常用黄蜡带、涤纶薄膜带和黑胶带等作为恢复绝缘层的材料。应从导线左端开始包缠，如图 4-1-18 所示；同时绝缘带与导线应保持一定的倾斜度，每圈的包扎要压住带宽的 1/2 。包缠绝缘带要用力拉紧，包卷要黏结密实，以免潮气侵入。

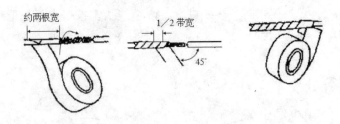

图 4-1-18　导线绝缘层的恢复

三、导线的敷设

导线的敷设分为明敷和暗敷。明敷是导线直接敷设在管子、线槽等保护体内，敷设于墙壁、顶棚的表面及桥架、支架等处。暗敷是导线在管子、线槽等保护体内，敷设于墙壁、顶棚、地坪及楼板等内部，或在混凝土板内敷线等。

（一）导线敷设的基本要求

导线敷设的基本要求如下：

（1）导线额定电压大于线路工作电压，绝缘层应符合线路的安装方式和敷设的环境条件，截面应满足供电要求和机械强度。

（2）导线敷设的位置，应便于检查和维修，并尽量避开热源，不在发热的表面敷设。

（3）导线连接和分支处，不应受机械力的作用。

（4）线路中尽量减少线路的接头，以减少故障点。

（5）导线与电器端子的连接要紧密压实，力求减少接触电阻，并防止脱落。

（6）水平敷设的线路，若距地面低于 2m 或垂直敷设的线路距地面低于 1.8m 的线段，均应装设预防机械损伤的装置。

（7）为防止漏电，线路的对地电阻不应小于 0.5m。

（二）导线敷设的基本工序

导线敷设无论何种方式，主要有以下工序：

（1）熟悉施工图，作预埋、敷设准备工作（如确定配电箱柜、灯座、插座、开关、启动设备等的位置）。

（2）沿建筑物确定导线敷设的路径，穿过墙壁或楼板的位置和所有配线的固定点位置。

（3）在建筑物上，将配线所有的固定点打好孔眼，预埋螺栓、角钢支架、保护管、木榫等。

（4）装设绝缘支持物、线夹或管子。

（5）敷设导线。

（6）导线连接、分支、恢复绝缘和封端，并将导线出线接头与设备连接。

（7）检查验收。

（三）常见导线敷设方式及部位

常见的导线敷设方式见表4-1-1。

表4-1-1　常见的导线敷设方式

名称	标注文字符号	名称	标注文字符号
用水煤气管敷设	SC/G	用电线管敷设	TC/DG
用硬塑料管敷设	PC/VG	用瓷夹敷设	PL/CJ
用阻燃半硬塑料管敷设	FPC/ZVG	用塑料夹敷设	PCL/VT
电缆桥架敷设	CT	金属线槽敷设	SR/GC
塑料线槽敷设	PR/XC	用钢索敷设	M
穿金属软管敷设	CP	穿聚氯乙烯波纹管敷设	KPC
直接埋设	DB	穿金属软管敷设	CP
混凝土排管敷设	CE	用瓷瓶或瓷柱敷设	K/CP

常见的导线敷设部位见表4-1-2。

表4-1-2　常见的导线敷设部位

名称	标注文字符号	名称	标注文字符号
沿屋架或屋架下弦敷设	BE/LM	暗敷在不能进入的吊顶内	AC
沿柱或跨柱敷设	CLE/ZM	暗敷设在梁内	BC/LA
沿墙面敷设	WE/QM	暗敷设在柱内	CLC/ZA
沿天棚或顶板面敷设	CE/PM	暗敷设在墙内	WC/QA
在能进入的吊顶内敷设	ACE/PNM	暗敷设在屋面或顶板内	CC/PA
沿钢索敷设	SR/S	暗敷设在地板或地面下	FC/DA

（四）塑料护套线敷设方法

护套线是一种具有塑料保护层和绝缘层的双芯或多芯绝缘导线。可在墙壁及建筑物表面直接敷设。用钢筋扎头或塑料钢钉线卡作为导线的支撑物。其安装步骤如下：

1. 定位划线

首先确定线路的走向、各电器元件的安装位置，用弹线袋画线，然后按每隔150~300mm 的距离画出固定线卡的位置，并在距开关、插座和灯具的木台 50mm 处设定线卡固定点。根据线路敷设的墙面或建筑物表面的硬度，确定是否用冲击钻打眼，埋设膨胀螺钉。

2. 导线敷设

先在地面校直护套线。敷设直线部分时，可先固定牢一端，拉紧护套线使线路平直后固定另一端，最后再固定中间段。护套线在转弯时，圆弧不能过小，转弯的前后应各固定一个线卡。两线交叉处要固定 4 个线卡敷设护套线线路时，线路离地面距离不应小于 0.15m，穿越墙壁或楼板时，应加套护线套管保护护套线。塑料钢钉线卡的大小应选择合适。

【技能训练】

单芯导线的连接和绝缘层的恢复

（一）工具及器材

器材准备清单如表 4-1-3 所示。

表 4-1-3　器材准备清单

序号	器材名称	规格型号	单位	数量	备注
1	电工刀		把	1	
2	剥线钳		个	1	
3	绝缘带		卷	若干	
4	2.5mm² 导线		根	若干	

（二）训练内容

（1）单芯导线连接。

（2）单芯导线绝缘层恢复。

（三）训练步骤

1. 单芯导线连接

（1）分别使用电工刀和剥线钳两种工具剖削单芯导线；

（2）练习单芯导线的直接连线；

（3）练习单芯导线的 T 形连接。

2. 单芯导线绝缘层恢复

（1）单芯导线的直接连线绝缘恢复练习。

（2）单芯导线的 T 形连线绝缘恢复练习。

【任务小结】

本任务中，我们学习了导线的连接、线管线路的敷设知识；通过技能训练，进一步掌握了解单芯导线的连接技巧。

【任务评价】

根据你对本任务的学习和表现情况，填写以下评价表。

表 4-1-4　任务评价表

任务名称			
任务时间		组　号	
小组成员			
检查内容			
咨询			
（1）明确任务学习目标			是 □ 否 □
（2）查阅相关学习资料			是 □ 否 □
计划			
（1）分配工作小组			是 □ 否 □
（2）自学安全操作规程			是 □ 否 □
（3）小组讨论安全、环保、成本等因素，制订学习计划			是 □ 否 □
（4）教师是否已对计划进行指导			是 □ 否 □

实施		
准备工作	（1）正确准备工具、仪表和器材	是 □ 否 □
	（2）具备导线连接、线管线路敷设知识	是 □ 否 □
技能训练	正确进行导线连接	是 □ 否 □
安全操作与环保		
（1）工装整洁		是 □ 否 □
（2）遵守劳动纪律，注意培养一丝不苟的敬业精神		是 □ 否 □
（3）注意安全用电		是 □ 否 □
（4）严格遵守本专业操作规程，符合安全文明生产要求		是 □ 否 □
你在本次任务中有什么收获？		
导线连接的要求有哪些？		
导线连接方法有哪些？最常用的是哪种？		
组长签名： 日期：		
教师审核：		
教师签名： 日期：		

【思考与练习】

（1）芯线截面为 $4mm^2$ 或以下的塑料硬线，一般用哪种工具进行剖削？

（2）芯线截面大于 $4mm^2$ 的塑料硬线，可用哪种工具来剖削绝缘层？

（3）塑料软线绝缘层的剖削可以使用电工刀吗？

（4）导线敷设的基本工序有哪些？

任务二　室内控制、保护设备的安装

【任务导入】

小明是一名电气技术专业学生，正逢大伯农村老家新装修，需要对家庭电气线路进行接线，为了安全用电和方便用电需要安装配电箱。你能帮小明一起来安装该配电箱吗？

图 4-2-1　配电箱

【学习目标】

知识目标：

（1）熟悉小型配电箱的结构组成；

（2）熟悉小型配电箱线路中常用低压电器元件的原理与作用。

技能目标：

（1）能正确识读小型配电箱电路图；

（2）能够正确安装小型配电箱，并能对出现的故障进行分析排除。

素质目标：

（1）培养学生做事认真、仔细，注重细节的习惯；

（2）培养学生爱护公物和实训设备，摆放东西规范有序的习惯；

（3）培养学生符合职业岗位要求的素养和团结协作精神。

【知识链接】

一、配电箱的安装

配电箱是用户室内照明及电器用电的配电点，输入端接在供电部门送到用户的进户线上，它将计量、保护和控制电器安装在一起，便于管理和维护，有利于安全用电。

单相照明配电板一般由电度表、控制开关、过载和短路保护器等组成，要求较高的还装有漏电保护器。普通单相照明配电板如图 4-2-2 所示。

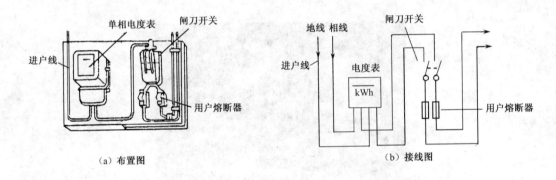

（a）布置图   （b）接线图

图 4-2-2　普通单相照明配电板

（一）闸刀开关的安装

闸刀开关的作用是控制用户电路与电源之间的通断，在单相照明配电板上，一般采用胶盖瓷底闸刀开关。开关上端的一对接线端子与静触头相连，规定接电源进线，这样，当闸刀拉下时，刀片和熔丝上就不带电，保证了装换熔丝的安全。

安装固定闸刀开关时，手柄一定要向上，不能平装，更不能倒装，以防拉闸后手柄由于重力作用而下落，引起误合闸。

（二）单相电度表的安装

电度表又称电能表，是用来对用户的用电量进行计量的仪表。按电源相数分有单相电度表和三相电度表，在小容量照明配电板上，大多使用单相电度表。

1. 电度表的选择

选择电度表时，应考虑照明灯具和其他用电器具的总耗电量，电度表的额定电流应大于室内所有用电器具的总电流，电度表所能提供的电功率为额定电流和额定电压的乘积。

2. 电度表的安装

单相电度表一般应安装在配电板的左边,而开关应安装在配电板的右边,与其他电器的距离大约为60mm。安装位置如图4-2-2所示。安装时应注意,电度表与地面必须垂直,否则将会影响电度表计数的准确性。

3. 电度表的接线

单相电度表的接线盒内有四个接线端子,自左向右为①、②、③、④编号。接线方法是①、③接进线,②、④接出线,接线方法如图4-2-3所示。也有的电度表接线特殊,具体接线时应以电度表所附接线图为依据。

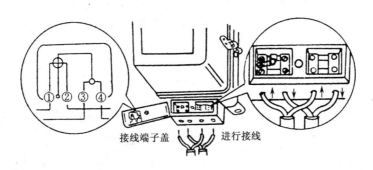

图4-2-3 单相电度表的接线方法

(三)配电板的安装注意事项

(1)垂直放置的开关、熔断器等设备的上端接电源,下端接负载。

(2)水平放置的设备左侧接电源,右侧接负载。

(3)螺旋式熔断器的中间端子接电源,螺旋端子接负载。

(4)对于母线颜色的选用应根据母线的类别来进行。一般规定如下:三相电源线L1、L2、L3分别用黄、绿、红三色涂上标志,中性线涂以紫色,接地线用紫底黑条标识。

(5)接零系统中的零母线,由零线端子板分路引至各支路或设备,零线端子板上各分支路的排列位置,必须与分支路熔断器的位置相对应。

(6)接地或接零保护线,必须先通过地线端子,再用保护接零(或接地)的端子板分路。

(7)配电板上所有器件的下方均安装卡片框,用来标明回路的名称,并可在适当的部位标出电气接线系统图。

二、漏电保护器的安装

当低压电网发生人身触电或设备漏电时，若能迅速切断电源，就可以使触电者脱离危险或使漏电设备停止运行，从而避免造成事故。在发生上述触电或漏电时，能迅速自动完成切断电源的装置称为漏电保护器，又称漏电保护开关或漏电保护断路器，它可以防止设备漏电引起的触电、火灾和爆炸事故。漏电保护器若与自动开关组装在一起，同时具有短路、过载、欠压、失压和漏电等多种保护功能。

漏电保护器按其动作类型可分为电压型和电流型，电压型性能较差已趋淘汰，电流型漏电保护器可分为单相双极式、三相三极式和三相四极式三类。对于居民住宅及其他单相电路，应用最广泛的是单相双极电流型漏电保护器。三相三极式漏电保护器应用于三相动力电路，三相四极式漏电保护器应用于动力、照明混用的三相电路。

（一）单相电流型漏电保护器

单相电流型漏电保护器电路原理如图 4-2-4 所示，正常运行（不漏电）时，流过相线和零线的电流相等，两者合成电流为零，漏电电流检测元件（零序电流互感器）无漏电信号输出，脱扣线圈无电流而不跳闸；当发生人碰触相线触电或相线漏电时，线路对地产生漏电电流，流过相线的电流大于零线电流，两者合成电流不为零，互感器感应出漏电信号，经放大器输出驱动电流，脱扣线圈因有电流而跳闸，起到人身触电或漏电的保护作用。单相双极式漏电保护器的外形如图 4-2-5 所示。

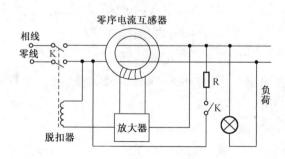

图 4-2-4　单相双极式漏电保护器的原理图

常用型号为 DZL18—20 的漏电保护器，放大器采用集成电路，具有体积小、动作灵敏、工作可靠的优点。适用于交流额定电压 220V、额定电流 20A 及以下的单相电路中，额定漏电动作电流有 30mA、15mA 和 10mA 可选用，动作时间小于 0.1 秒。

图 4-2-5 单相双极式漏电保护器的外形

（二）三相电流型漏电保护器

三相漏电保护器的工作原理与单相双极型基本相同，其电路原理图如图 4-2-6 所示。在三相五线制供电系统中要注意正确接线，零线有工作零线（N）和保护零线（PE），工作零线与三根相线一同穿过漏电电流检测的互感器铁芯。工作零线不可重复接地，保护零线作为漏电电流的主要回路，应与电气设备的保护零线相连接。保护零线不能经过漏电保护器，末端必须进行重复接地。错误安装漏电保护器会导致保护器误动作或失效。三相四极式漏电保护器的外形如图 4-2-7 所示。

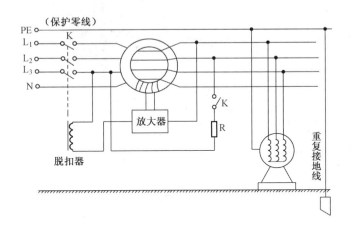

图 4-2-6 三相四极式漏电保护器的原理

常用型号为 DZ15L—40/390 的漏电保护器，适用于交流额定电压 380V、额定电流 40A 及以下的三相电路中，额定漏电动作电流有 30mA、50mA 和 75mA（四极为 50mA、75mA 和 100mA）可选用，动作时间小于 0.2s。

图 4-2-7　三相四极式漏电保护器的外形

（三）漏电保护器的安装与使用

（1）照明线路的相线和零线均要经过漏电保护器，电源进线必须接在漏电保护器的正上方，即外壳上标注的"电源"或"进线"的一端；出线接正下方，即外壳上标注的"负载"或"出线"的一端，如图 4-2-8 所示。

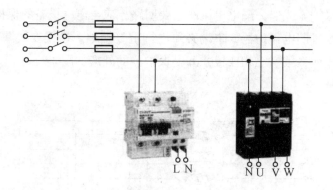

图 4-2-8　漏电保护器在三相四线制中的接线

（2）安装漏电保护器后，不准拆除原有的闸刀开关、熔断器，以便今后的设备维护。

（3）漏电保护器在安装后，在带负荷状态分、合三次，不应出现误动作；再按压试验按钮三次，应能自动跳闸，注意按钮时间不要太长，以免烧坏漏电保护器。试验正常后即可投入使用。

（4）运行中，每月应按压试验按钮检验一次，检查动作性能确保运行正常。

漏电保护器安装与使用注意事项：

（1）装接时，分清漏电保护器进线端和出线端，不得接反。

（2）安装时，必须严格区分中性线和保护线，四极式漏电保护器的中性线应接入漏电保护器。经过漏电保护器的中性线不得作为保护线，不得重复接地或接设备外露的导电部分，保护线不得接入漏电保护器。

（3）漏电保护器中的继电器接地点和接地体应与设备的接地点和接地体分开，否则漏电保护器不能起保护作用。

（4）安装漏电保护器后，被保护设备的金属外壳仍应采用保护接地和保护接零。

（5）不得将漏电保护器当作闸刀使用。

【技能训练】

单相配电板安装训练

（一）工具、仪表及器材

单相电度表、闸刀开关、漏电保护器、熔断器、万用表、其他常用电工工具一套。

（二）训练内容

在一块自制木台上安装单相配电板电路，电路原理如图4-2-9所示。

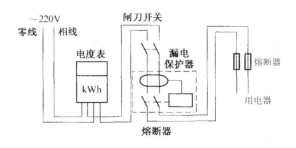

图4-2-9　单相配电板电路原理

（三）训练步骤

（1）按配电板结构和元器件数目确定各电气元件的位置；

（2）用螺钉固定各电气元件，要求安装牢固，无松动；

（3）按线路图正确接线，要求配线长短合适，不能出现压皮、露铜等现象，线头要尽量避免交叉，必须交叉时应在交叉点架空跨越，两线间距不小于2mm；

（4）配电板上的配线要通过线槽完成，导线使用不同颜色。

（四）评分标准

评分标准见表4-2-1。

表4-2-1 评分标准

项目内容	配分	评分标准		扣分
元件识别与安装	30分	①元件有质量问题没有发现 ②元件定位尺寸不正确 ③画线不正确 ④元件安装位置不正确 ⑤元件安装松动	每处扣5分 每处扣5分 每处扣5分 每处扣5分 每处扣5分	
布线	20分	①导线剖削损伤 ②导线连接错误 ③转角不符合要求 ④接头不符合规范	每根扣5分 每处扣5分 每处扣2分 每处扣2分	
通电试车	30分	第一次通电不成功 第二次通电不成功 第三次通电不成功	扣10分 扣20分 扣30分	
团结协作精神	10分	小组成员分工协作不明确、不能积极参与	扣10分	
安全文明生产	10分	违反安全文明生产规程	扣5~10分	
定额时间：2小时		每超时5分钟以内以扣5分计算		
备注		除定额时间外，各项目的最高扣分不应超过配分数	成绩	
开始时间		结束时间	实际时间	

【任务小结】

本任务中，我们学习了小型配电箱的结构知识，熟悉了小型配电箱中各低压元件的原理与作用；通过技能训练，进一步掌握了小型配电箱的安装方法。

【任务评价】

根据你对本任务的学习与表现情况，填写以下评价表。

表 4-2-2 任务评价表

任务名称				
任务时间			组 号	
小组成员				
检查内容				

咨询

(1) 明确任务学习目标	是 □ 否 □
(2) 查阅相关学习资料	是 □ 否 □

计划

(1) 分配工作小组	是 □ 否 □
(2) 自学安全操作规程	是 □ 否 □
(3) 小组讨论安全、环保、成本等因素，制订学习计划	是 □ 否 □
(4) 教师是否已对计划进行指导	是 □ 否 □

实施

准备工作	(1) 正确准备工具、仪表和器材	是 □ 否 □
	(2) 正确识读单相配电板电路原理图	是 □ 否 □
技能训练	正确安装单相配电板电路	是 □ 否 □

安全操作与环保

(1) 工装整洁	是 □ 否 □
(2) 遵守劳动纪律，注意培养一丝不苟的敬业精神	是 □ 否 □
(3) 注意安全用电，做好电气设备的保养措施	是 □ 否 □
(4) 严格遵守本专业操作规程，符合安全文明生产要求	是 □ 否 □

你在本次任务中有什么收获？

单相电度表接线盒中共有几个接线桩，如何接线？

安装闸刀开关时要注意什么事项？

组长签名：	日期：
教师审核：	
教师签名：	日期：

191

【思考与练习】

（1）照明配电板由哪些电器元件组成？

（2）漏电保护器安装注意事项有哪些？

任务三　照明线路安装

【任务导入】

电气照明广泛应用于生产和生活领域中，不同场合对照明装置和线路安装的要求不同。室内电气照明线路安装也是电工技术中的一项基本技能。你知道在日常生活中照明电路都是由哪几部分组成的吗？

【学习目标】

知识目标：

（1）了解开关、插座及灯座的结构、特点、种类和实用场合；

（2）熟悉开关、插座、灯座的安装工艺与维修方法。

技能目标：

（1）能够正确安装开关、插座、灯座；

（2）能够正确安装一控一白炽灯电路。

素质目标：

（1）培养学生做事认真、仔细，注重细节的习惯；

（2）培养学生爱护公物和实训设备，摆放东西规范有序的习惯；

（3）培养学生符合职业岗位要求的素养和团结协作精神。

【知识链接】

室内照明线路主要包括电源与照明灯具、控制开关和插座等。

一、开关的安装

开关的功能主要是在电路中控制电路的通断。下面以照明电路常见开关为例介绍开关的安装工艺及要求。照明开关是控制灯具的电气元件，起控制照明电灯的亮与灭的作用（即接通或断开照明线路）。

（一）认识各种常见开关

开关种类繁多，常用的有拉线开关、扳动开关、跷板开关、钮子开关、防雨开关等，如图 4-3-1 所示。

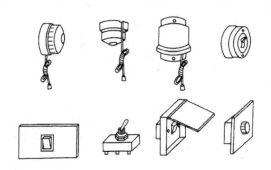

图 4-3-1 各种常见开关外形

普通拉线开关适用于一般场所；平开关、按钮开关和钮子开关适用于手能触及的户内一般场所；暗装开关适用于采用暗敷线管的建筑物。此外，还有吊装式、防水式等各种开关。

（二）开关安装步骤与工艺

开关有明装和暗装之分，现家庭一般是暗装开关。

1. 暗装

按接线要求，将盒内引出的导线与开关的面板连接好，将开关推入盒内，对正盒眼，用木螺丝固定牢固。固定时要使面板端正，并与墙面平齐。

2. 明装

先将从盒内引出的导线由塑料（木）台的出线孔中穿出，再将塑料（木）台紧贴于墙面用螺丝钉固定在盒子、胀塞或木榫上。如果是明配线，木台上的隐线槽应先顺对导线方向，再用螺丝钉固定牢固。塑料（木）台固定后，将引出的相线、中性线按各自的位置从线孔中穿出，按接线要求将导线压牢。然后将开关或插座贴于塑料（木）台上，对中找正，用木螺丝固定牢，最后再把盖板上好。

3. 开关的安装工艺要求

开关的安装工艺要求如下：

（1）开关安装位置应便于操作，触头的接通和断开，均应有明显标志。

（2）开关边缘距门框为 0.15~0.2m，开关距地面应为 1.2~1.4m。

（3）开关应串联在通往灯座的相线上。

（4）安装在同一室内的开关应采用统一的系列产品，距地面的高度应一致。

（5）按钮开关一般向下按为闭合，向上按为断开。

（6）暗装开关的盖板应端正、严密，且与墙面齐平。明装开关应装在厚度不小于 15mm 的木台上。

（7）安装平开关时，无论明装或暗装，均应安装成往上扳动接通电源（能看到红色的标记），往下扳动切断电源。

二、插座的安装

（一）插座分类及结构

插座、插头广泛应用于照明电路，用于电源的连接，如图 4-3-2 所示。根据电源电压的不同，插座可分为三相四孔插座、单相三孔或五孔插座。照明电路常用单相插座，有两孔和三孔。两孔插座用于外壳不导电，无须接地的电器；三孔插座用于外壳导电，需接地或接零保护的电器；四孔插座用于三相负载。

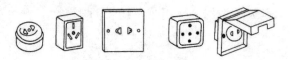

图 4-3-2　各种常见插座外形

（二）插座安装步骤及工艺要求

1. 插座接线

家庭一般都是单相插座，可根据插座后面的标识，L 端接相线，N 端接零线，E 端接地线。单相两孔插座有横装和竖装两种。横装时，接线原则是左零右相；竖装时，接线原则是上相下零；单相三孔插座的接线原则是左零右相上接地。根据标准规定，相线（火线）是红色线，零线（中性线）是黑色线，接地线是黄绿双色线。如图 4-3-3 所示为插座接线示意图。

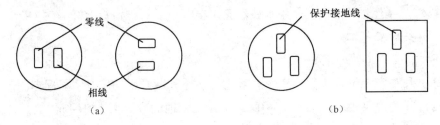

图 4-3-3　电源插座及接线

2. 插座安装工艺要求

根据安装形式不同，插座又可分为明装式和暗装式，现家庭一般都是暗装插座。明装插座的安装步骤和工艺与安装吊线盒大致相同。先安装圆木或木台，然后把插座安装在圆木或木台上，对于暗敷线路，需要使用暗装插座，暗装插座应安装在预埋墙内的插座盒中。插座安装工艺要求如下：

（1）暗装和工业用插座距地面不应低于30cm。

（2）在儿童活动场所应采用安全插座，采用普通插座时，其安装高度不应低于1.5m。

（3）同一室内安装的插座高低差不应大于5mm，成排安装的插座高低差不应大于2mm。

（4）暗装的插座应有专用盒，盖板应端正严密并与墙面平。

（5）落地插座应有保护盖板。

（6）在特别潮湿和有易燃、易爆气体及粉尘的场所不应装设插座。

三、白炽灯的安装

（一）白炽灯结构特点

白炽灯为热辐射光源，是靠电流加热灯丝至白炽状态而发光的；结构简单，易于制造，价格便宜，但发光效率低，使用寿命较短。

白炽灯由玻璃泡壳、灯丝、支架、引线、灯头等组成。其组成结构如图4-3-4（a）、（b）所示。白炽灯的规格很多有220V、110V、36V、24V、12V、6V等。其中，36V以下的属于低压安全灯泡。灯泡的灯头、灯座有卡口式和螺旋口式两种，如图4-3-4（c）、（d）、（e）所示，功率超过300W的灯泡，一般采用螺旋口灯头，因为螺旋口灯头在接触与散热方面好于卡口灯头。

（a）螺旋口白炽灯　　　　　（b）卡口白炽灯

图4-3-4　白炽灯及灯座

195

（c）灯头　　　　　（d）螺旋口灯座　　　　　（e）卡口灯座

图 4-3-4　白炽灯及灯座（续）

（二）白炽灯电路安装步骤及工艺

白炽灯照明电路由灯具、开关、导线及电源组成。白炽灯电路安装方式一般为悬吊式、壁式和吸顶式，如图 4-3-5 所示。悬吊式又分为软线吊灯、链式吊灯和钢管吊灯。白炽灯必须与配套的灯座一起使用。

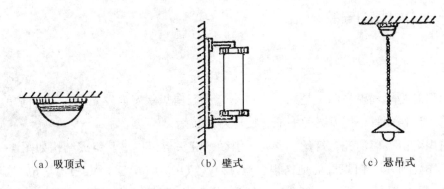

（a）吸顶式　　　　　　　（b）壁式　　　　　　　（c）悬吊式

图 4-3-5　白炽灯电路安装方式

下面以悬吊式为例介绍其具体安装步骤：

1. 安装圆木

如图 4-3-6 所示，先在准备安装吊线盒的地方打孔，预埋木榫或尼龙胀管。在圆木底面用电工刀刻两条槽，在圆木中间钻三个小孔，然后将两根电源线端头分别嵌入圆木的两条槽内，并从两边小孔穿出，最后用木螺丝从中间小孔中将圆木紧固在木榫或尼龙胀管上。

2. 安装吊线盒

如图 4-3-7 所示，先将圆木上的电线从吊线盒底座孔中穿出，用木螺丝将吊线盒紧固在圆木上。将穿出的电线剥头，分别接在吊线盒的接线柱上。按灯的安装高度取一段软电线，作为吊线盒和灯头的连接线，将上端接在吊线盒的接线柱上，下

图 4-3-6　圆木的安装

端准备接灯头。在离电线上端约 5cm 处打一个结，使结正好卡在接线孔里，以便承受灯具重量。

图 4-3-7　吊线盒的安装

3. 安装灯头

如图 4-3-8 所示，旋下灯头盖，将软线下端穿入灯头盖孔中。在离线头约 3mm 处也打一个结，把两个线头分别接在灯头的接线柱上，然后旋上灯头盖。若是螺口灯头，相线应接在与中心铜片相连的接线柱上，否则容易发生触电事故。

图 4-3-8　灯头的安装

灯头安装要求：

一般环境下灯头离地高度不低于 2m，潮湿、危险场所不低于 2.5m，如因生活、工作和生产需要而必须把电灯放低时，其离地高度不能低于1m，且应在电源引线上加绝缘管保护，并使用安全灯座。离地不足1m使用的电灯，必须采用36V以下的安全灯。

4. 安装开关

控制白炽灯的开关应串接在相线上，即相线通过开关再进灯头。一般拉线开关的安装高度离地面2.5m，扳动开关（包括明装或暗装）离地高度为1.4m。安装扳动开关时，方向要一致，一般向上为"合"，向下为"断"。安装拉线开关或明装扳动开关的步骤和方法请查阅"开关的安装"内容。

白炽灯电路安装注意事项：

（1）相线和零线应严格区分，将零线直接接到灯座上，相线经过开关再接到灯头上。对螺口灯座，相线必须接在螺口灯座中心的接线端上，零线接在螺口的接线端上，千万不能接错，否则就容易发生触电事故。

（2）用双股棉织绝缘软线时，有花色的一根导线接相线，没有花色的导线接零线。

（3）导线与接线螺钉连接时，先将导线的绝缘层剥去合适的长度，再将导线拧紧以免松动，最后环成圆扣。圆扣的方向应与螺钉拧紧的方向一致，否则旋紧螺钉时，圆扣就会松开。

（4）当灯具需接地（或零）时，应采用单独的接地导线（如黄绿双色）接到电网的零干线上，以确保安全。

（三）白炽灯电路常见故障及处理方法

白炽灯在使用过程中往往会出现一些问题，现将白炽灯电路的常见故障分析如下，见表4-3-1。

表4-3-1 白炽灯电路常见故障及处理方法

故障现象	产生故障的原因	排除方法
灯泡不亮	灯丝断裂	更换灯泡
	灯座或开关触头接触不良	把接触不良的触头修复，无法修复时，应更换完好的灯座或开关
	熔体熔断	查找原因，修复后更换熔体
	电路中出现断路故障	查线路
灯泡发光强烈	所接电源电压高于灯泡的额定电压	换与电源电压相符的灯泡
	灯丝局部短路（俗称搭丝）	更换灯泡

续表

故障现象	产生故障的原因	排除方法
灯光忽亮忽暗	灯座或开关触头松动	修复松动的触头或接线
	电源电压波动（通常由附近有大容量负载经常启动引起）	更换配电变压器，增加容量
	熔断器熔丝接头接触不良	重新安装或加固压接螺钉
不断烧断熔丝	灯座或挂线盒连接处两线互碰	重新接妥线头
	负载过大	减轻负载或扩大线路的导线容量
	熔丝太细	正确选用熔丝规格
	线路短路	修复线路
	胶木灯座两触头间胶木严重烧毁	更换灯座
灯光暗红	灯座、开关或导线对地严重漏电	更换完好的灯座、开关或导线
	灯座、开关接触不良或导线连接处接触电阻增加	修复接触不良的触头，重新连接接头
	线路导线太长太细、线压降太大	缩短线路长度，或更换较大截面积的导线

【技能训练】

一控一白炽灯照明电路的安装

（一）工具、仪表及器材

（1）工具：电工常用工具、试电笔、螺丝旋具、尖嘴钳、斜口钳、电工刀等。

（2）仪表：万用表。

（3）器材：线路安装板 1 块；熔断器 Rc1A–15/10 1 副；螺口灯泡 1 只；圆木 2 块；螺口灯座 1 个；导线、线卡、螺钉等若干。

（二）训练内容

一控一白炽灯照明电路的安装采用塑料槽板布线，如图 4-3-9 所示。

（三）训练步骤

（1）开关、插座定位画线。

（2）槽板分支、转角、画线锯割。

199

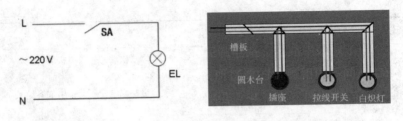

(a) 电路原理图   (b) 安装布线示意图

图 4-3-9　一控一白炽灯照明电路

（3）固定槽板底板。

（4）敷设导线，扣盖板。

（5）安装圆木台，电器件，并连接导线。

（6）检查线路，通电试验。

安装注意事项：

（1）开关应接火线。

（2）槽板内一般不允许有接头，确实有接头必须采取焊接牢靠。

（四）评分标准

技能训练考核评分标准见表4-3-2。

表 4-3-2　评分标准

项目内容	配分	评分标准		扣分
安装元件	25分	①元件定位尺寸不正确每处	扣15分	
		②画线不正确	每处扣5分	
		③元件安装位置不正确	每处扣5分	
		④元件安装松动	每处扣5分	
布线	25分	①护套线不平直	每根扣5分	
		②导线剖削损伤	每处扣5分	
		③扎护套线转角不符合要求	每处扣2分	
		④钢精轧头敷设不符合要求	每处扣2分	
		⑤接头不合规范	每处扣2分	
		⑥卡、钉安装不符合要求	扣1分	
		⑦火线没进开关	扣2分	

200

项目内容	配分	评分标准		扣分
通电试车	30分	第一次通电不成功 第二次通电不成功 第三次通电不成功	扣10分 扣20分 扣30分	
团结协作精神	10分	小组成员分工协作不明确、不能积极参与	扣10分	
安全文明生产	10分	违反安全文明生产规程	扣5~10分	
定额时间：2小时		每超时5分钟以内以扣5分计算		
备注		除定额时间外，各项目的最高扣分不应超过配分	成绩	
开始时间		结束时间	实际时间	

【任务小结】

本任务中，我们学习了开关、插座及灯座的结构、特点、种类和实用场合相关知识，通过技能训练，掌握了白炽灯照明线路安装工艺。

【任务评价】

根据你对本任务的学习和表现情况，填写以下评价表。

表4-3-3　任务评价表

任务名称			
任务时间		组　号	
小组成员			
检查内容			
咨询			
（1）明确任务学习目标			是 □ 否 □
（2）查阅相关学习资料			是 □ 否 □
计划			
（1）分配工作小组			是 □ 否 □
（2）自学安全操作规程			是 □ 否 □
（3）小组讨论安全、环保、成本等因素，制订学习计划			是 □ 否 □
（4）教师是否已对计划进行指导			是 □ 否 □

实施		
准备工作	（1）正确准备工具、仪表和器材	是 □ 否 □
	（2）具备开关、插座、灯座安装等相关知识	是 □ 否 □
技能训练	正确安装一控一白炽灯照明电路	是 □ 否 □
安全操作与环保		
（1）工装整洁		是 □ 否 □
（2）遵守劳动纪律，注意培养一丝不苟的敬业精神		是 □ 否 □
（3）注意安全用电，做好电气设备的保养措施		是 □ 否 □
（4）严格遵守本专业操作规程，符合安全文明生产要求		是 □ 否 □
你在本次任务中有什么收获？		
开关一般离地高度为多少？与门框的距离一般为多少？		
明插座的安装高度一般离地多少？安装插座一般应不低于多少？		
组长签名：　　　　　　　　　　　日期：		
教师审核：		
教师签名：　　　　　　　　　　　日期：		

【思考与练习】

（1）常见的开关、插座都有哪些？

（2）开关的安装注意事项有哪些？

（3）插座的安装注意事项有哪些？

项目五

常用电机与变压器

任务一　小型变压器制作与检测

【任务导入】

在日常的电力输送和低压照明中，变压器起着至关重要的作用。变压器是什么呢？它又有哪些类型呢？单相变压器作为结构较简单的变压器，它由哪些部分组成呢？下面就让我们一起来学习小型单相变压器的制作与检测知识吧！

图 5-1-1　小型变压器

【学习目标】

知识目标：

（1）了解变压器的概念、分类、基本结构及工作原理；

（2）掌握变压器初、次级绕组电压与匝数关系；

（3）掌握小型变压器的检修方法。

技能目标：

（1）能拆装小型单相变压器；

（2）能判别单相变压器的初、次级绕组；

（3）能分析小型变压器的常见故障并维修；

（4）能制作小型单相变压器。

素质目标：

（1）培养学生做事认真、仔细，注重细节的习惯；

（2）培养学生爱护公物和实训设备，摆放东西规范有序的习惯；

（3）培养学生符合职业岗位要求的素养和团结协作精神。

【知识链接】

一、变压器的基本知识

（一）变压器概述

变压器是利用电磁感应原理，将某一数值的交流电压变换为同频率的另一数值的交流电压的静止电气设备。变压器不仅对电力系统中电能的传输、分配和安全使用有重要意义，而且广泛应用于电气控制、电子技术、焊接技术等领域。如图 5-1-2 所示为电能传输分配示意图。

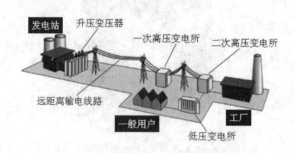

图 5-1-2　电能传输分配示意图

日常生活中，各种用电设备所需的电压各不相同，见表 5-1-1。我们国家民用统一供电均为 220V，为了使那些额定电压不是 220V 的电气设备正常工作，需要变压器来实现升压、降压。

表 5-1-1 日常用电设备的额定工作电压

用电器	额定工作电压	用电器	额定工作电压
随身听	3V	录音机	6V
扫描仪	12V	机场照明灯	36V
手机充电器	4.4V 6V 9V	电饭煲、洗衣机等	220V

（二）变压器的分类

为适应不同的使用目的和工作条件，变压器通常可按相数、用途、冷却方式、绕组数目、铁芯结构等划分类别。

1. 按相数、用途和冷却方式分类

变压器按相数、用途和冷却方式分类最常见的三种分类方式如表 5-1-2 所示。

表 5-1-2 变压器的常见分类和主要用途

分类方式	名称	实物图	主要用途
按相数分类	单相变压器		常用于单相交流电路中隔离、电压等级的变换、阻抗变换、相位变换或三相变压器组。左图即是单相隔离变压器
	三相变压器		常用于三相系统中升、降电压

205

续表

分类方式	名称	实物图	主要用途
按用途分类	电力变压器		用于输配电系统中升、降电压和传输电能
	仪用互感器		是保证电能系统安全运行的重要设备，它的二次电压或电流用于测量仪器或继电保护自动装置，使二次设备与高压隔离，保证设备和人身安全
	电炉变压器		常用于冶炼、加热及热处理
	自耦变压器		常用于实验室或工业上调压
	电焊变压器		常用于焊接各类钢铁材料的交流电焊机上

分类方式	名称	实物图	主要用途
按铁芯结构形式分类	壳式铁芯		常用于小型变压器、大电流的特殊变压器，如电炉变压器、电焊变压器；或用于电子仪器及电视、收音机等的电源电压器
	芯式铁芯		用于大中型变压器、高压的电力变压器
	C形铁芯		常用于电子技术中的变压器，例如电流互感器、电压互感器等
按冷却方式分类	油浸式变压器		常用于大中型变压器
	风冷式变压器		强迫油循环风冷，用于大型变压器

续表

分类方式	名称	实物图	主要用途
按冷却方式分类	自冷式变压器		空气冷却，用于中小型变压器
	干式变压器		用于安全防火要求较高的场合，如地铁、机场及高层建筑

（三）变压器的工作原理

变压器是以电磁感应定律为基础工作的，其工作原理如图 5-1-3 所示。当原边线圈加上交流电压 U_1 后，在铁芯中产生交变磁场，由于铁芯的磁耦合作用，副边线圈中会产生感应电压 U_2，在负载中就有电流 I_Z 通过。

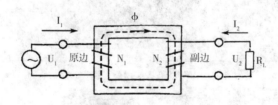

图 5-1-3　变压器的工作原理示意图

（四）变压器的额定值

为了安全和经济地使用变压器，在设计和制造时规定了变压器的额定值，即变压器的铭牌数据，它是使用变压器的重要依据。

208

1. 额定电压

额定电压是指变压器正常运行时的工作电压，原边额定电压是正常工作时外施电源电压。副边额定电压是指原边施加额定电压，副边绕组通过额定电流时的电压。

2. 额定电流

额定电流是指变压器原边电压为额定值时，原边和副边绕组允许通过的最大电流。在此电流下变压器可以长期工作。

3. 额定频率

额定频率是指变压器原边的外施电源频率，变压器是按此频率设计的，我国电力变压器的额定频率都是 50Hz。

4. 额定容量

额定容量是指变压器在额定频率、额定电压和额定电流的情况下，所能传输的视在功率，单位是 VA 或 kVA。

5. 额定温升

额定温升是指变压器满载运行 4 小时后绕组和铁芯温度高于环境温度的值，我国规定标准环境温度为 40℃，对于 E 级绝缘材料，变压器的温升不应超过 75 ℃。

（五）变压器的性能检测

在变压器中，通常连接交流电源的绕组叫一次绕组或初级绕组，其余的绕组叫二次绕组或次级绕组。变压器是按电磁感应原理工作的，初级绕组在铁芯中产生交变磁通，从而在初次级绕组产生感应电动势。

1. 变压器的空载特性测试

如图 5-1-4 所示，变压器初级绕组接在交流电源上，而次级绕组开路，这种运行状态成为变压器的空载运行。空载特性包括：空载电流、空载电压。

空载电流是指原边绕组上加额定电压 U_{1N} 时，通过原边绕组的电流 I_{10}；空载电压是指副边绕组的开路电压 U_{20}。可使用交流电压表和电流表进行测试，测试电路如图 5-1-5 所示。

变压器的空载电流一般应不大于原边额定电流的 10%，空载电压应为副边额定电压的 105% ~ 110%。

变压器空载时，在理想情况下，原边与副边电压之比等于原边与副边绕组的匝数比，这就是变压器变换电压的关键所在。当 $N_2 < N_1$ 时，$U_2 < U_1$ 称为降压变压器；当 $N_2 > N_1$ 时，$U_2 > U_1$ 称为升压变压器。

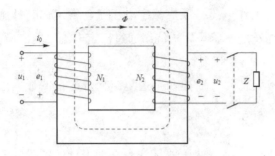

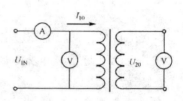

图 5-1-4　变压器空载运行示意图　　　　**图 5-1-5　变压器空载特性测试电路**

2. 变压器的负载特性测试

变压器的负载特性是指原边绕组上加额定电压 U_{1N}，副边绕组接额定负载时，副边电压 U_2 随副边电流 I_2 的变化特性，又称电压调整率：

$$\Delta u\% = \left[\left(U_{20} - U_{2N}\right) / U_{20}\right] \times 100\%$$

其测试电路如图 5-1-6 所示。

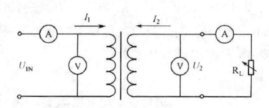

图 5-1-6　变压器负载特性测试电路

3. 变压器的短路电压测试

短路电压又称阻抗电压，是指使变压器副边绕组短路，原边和副边均流过额定电流时，施加在原边绕组上的电压 U_k。

它是反映变压器内部阻抗大小的量，是负载变化时计算变压器副边电压变化和发生短路时计算短路电流的依据。短路电压测试电路如图 5-1-7 所示。图中 T 为调压器，测试时用来调整原边所加电压。短路电压应不大于额定电压的 10%。

4. 变压器绕组直流电阻测量

变压器绕组线圈是由漆包铜导线绕制而成，具有一定的直流电阻，它可作为判别绕组是否正常的参考数据。测量绕组的直流电阻可使用直流电桥或万用表欧姆挡。

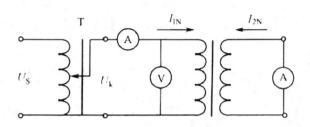

图 5-1-7 变压器短路电压测试电路

5. 变压器的绝缘电阻测量

变压器绕组之间以及各绕组与铁芯之间都有绝缘性能要求，其绝缘电阻值应符合规定，测量绝缘电阻可使用兆欧表。变压器的绝缘电阻值一般应不低于 50 ~ 200 MΩ。

6. 变压器的温升测量

变压器的温升测量，可采用测量线圈直流电阻的方法。先用直流电桥测出原边线圈的冷态电阻 R_0，然后加上额定负载，接通电源运行数小时，待温度稳定后切断电源，再测出其热态电阻 R_T，用下列公式可求出温升 ΔT：

$$\Delta T = (R_T - R_0) / 0.0039 R_0$$

二、认识小型单相变压器

常见的小型单相变压器从外形上看有立式变压器、卧式变压器和夹式变压器，如图 5-1-8 所示。选用哪一种外形的变压器，主要取决于变压器的使用条件和要求，另外与容量的大小也有一定的关系。

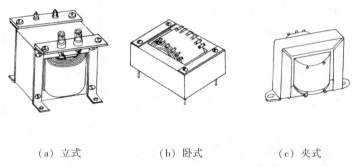

(a) 立式   (b) 卧式   (c) 夹式

图 5-1-8 小型单相变压器外形图

尽管各种变压器的外形各异，但其基本结构是相同的。如图 5-1-9 所示，变压器的最基本组成部分是铁芯和绕组。变压器的基本符号如图 5-1-10 所示。

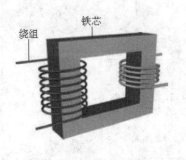

图 5-1-9　变压器的基本结构

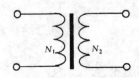

图 5-1-10　变压器符号

（一）铁芯

铁芯是变压器的主磁路，也是变压器的支撑骨架。铁芯由铁芯柱和铁轭两部分组成，如图 5-1-11 所示。铁芯柱上套装变压器绕组，铁轭起连接铁芯柱使磁路闭合的作用。通常铁芯用含硅量较高的、厚度为 0.35 或 0.5mm、表面涂有绝漆的硅钢片叠装而成。

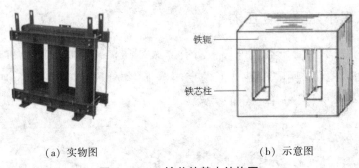

（a）实物图　　　　　　　　　　（b）示意图

图 5-1-11　铁芯的基本结构图

根据铁芯柱与铁轭在装配方面的不同，铁芯的装配方式有对接式和叠接式两种。

1. 对接式

对接式是先将铁芯柱和铁轭分别叠装和夹紧，然后再将它们对接在一起，用特殊的紧固件夹紧。对接式又有 E 字形、F 字形、C 字形等，如图 5-1-12 所示。对接式主要用于小型变压器。

（a）E 字形　　　　（b）F 字形　　　　（c）C 字形

图 5-1-12　对接式的类型

2. 叠接式

叠接式是将铁芯柱和铁轭的硅钢片一层层地叠装，各层硅钢片的排列互不相同，叠装之后，各层的接缝不在同一点，如图 5-1-13 所示。叠接式主要用于大型变压器。

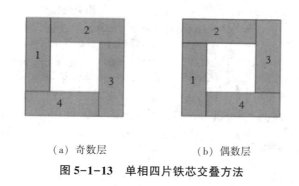

（a）奇数层　　　　（b）偶数层

图 5-1-13　单相四片铁芯交叠方法

（二）绕组

绕组是变压器传递交流电能的电路部分，一般用绝缘扁铜（铝）线或绝缘圆铜（铝）线在绕线模上绕制而成。变压器中，工作电压高的绕组称为高压绕组，工作电压低的绕组称为低压绕组。

三、小型变压器的常见故障分析

小型变压器的常见故障、原因及检修方法见表 5-1-3。

表 5-1-3　小型变压器的常见故障和检修方法

故障现象	故障原因	检修方法
变压器副边无输出电压	电源故障，未加到变压器	测量变压器原边电压，如果没有电压说明电源回路存在故障。重点检查电源电压、熔断器和连接导线
	一次绕组断线	小型变压器原边绕组断线的故障较为常见，多为绕组与引线连接处。焊接完毕后应处理好绝缘
	二次绕组断线	通过测量1~2次电阻确定是否断线。高压侧电阻一般较大，低压侧电阻一般较小
变压器温度过高或冒烟	电源电压过高	排除电源故障
	负载短路	排除负载短路故障
	绕组内部短路或原副边短路	重绕绕组
	新修变压器硅钢片绝缘不良或线圈每伏匝数过少	将硅钢片重新浸漆烘干、装配，铁芯截面积要合乎要求，或提高绕组每伏匝数
空载电流过大	原边绕组匝数不足	重新绕制绕组，提高每伏匝数。铁芯截面积越大，每伏匝数越小，小型变压器约为10T/V
	铁芯截面积不够、材料较差或层间绝缘不良	将硅钢片重新浸漆烘干、装配，使铁芯截面积合乎要求，或更换硅钢片
	绕组局部短路	重新绕制绕组
变压器响声过大	电源电压过高	调整电源电压
	负载过重或短路	排除负载过重现象或短路故障
	变压器铁芯固定不牢固	用夹紧装置将铁芯固定牢固，或将整个变压器浸漆烘干
变压器漏电或打火	绕组绝缘不良	重新绕制绕组或更换绕组
	引出绝缘不良或有污物	更换引线，清理污物

四、小型变压器的制作

制作单相变压器时，首先要设计并计算各项参数，再进行绕组的绕制。小型单相变压器多用于控制系统和家用电器等小容量电源，结构简单，损坏后多采用更换绕组的方法修理，即在拆除旧绕组并更换损坏的绕组骨架等后，按原样重新绕制和组装，省略了各项参数的计算。小型单相变压器的制作，分为单相变压器绕组绕制、绝缘处理、铁芯镶片（硅钢片）的装配、成品调整测试等几道工艺。

（一）绕组绕制

小型变压器的绕组制作一般按以下步骤进行：

1. 选择导线和绝缘材料

（1）导线的选择。拆除损坏的小型单相变压器的旧绕组后，可根据旧绕组上注明的参数规格（或测量旧绕组的线径）来选取漆包铜线的型号和规格。

（2）绝缘材料的选择。绝缘材料须根据耐压要求和绕线时线圈允许的总厚度合理选用。同一绕组层与层之间的绝缘要求较低，可选择用电话纸或电容器纸。绕组与绕组之间的绝缘一般用聚酯薄膜、聚四氟乙烯薄膜或玻璃漆布。绕组最外层的绝缘可用聚酯薄膜青壳纸。层间绝缘厚度按两倍层间电压的绝缘强度选用。

2. 制作木芯与线圈骨架

（1）木芯的制作。在绕制变压器线圈时，将漆包线绕在预先做好的线圈骨架上。但骨架本身不能直接套在绕线机轴上绕线，它需要一个塞在骨架内腔中的木质芯子，木质芯的正中心要钻有供绕线机轴穿过的 $\varphi 10mm$ 孔，孔不能偏斜，否则由于偏心造成绕组不平稳而影响线包的质量。

木质芯的尺寸：截面宽度要比硅钢片的舌宽略大 0.2mm，截面长度比硅钢片叠厚尺寸略大 0.3mm，高度比硅钢片窗口约高 2mm。外表要做得光滑平直。

（2）骨架的制作。若拆除旧绕组后骨架完好，则可用原骨架绕线；若骨架已损坏，则需按原规格制作一个新骨架。制作骨架有两种方法：一种是简易骨架，用青壳纸在木质芯上绕 1~2 圈，用胶水粘牢，其高度略低于铁芯窗口高度。骨架干燥以后，木芯在骨架中能插得进、抽得出。最后用硅钢片插试，以硅钢片刚好能插入为宜。绕制时要特别注意线圈绕到两端，在绕制层数较多时容易散塌，造成返工。另一种是积木式骨架，绕组骨架由立柱和挡板构成，常采用各种绝缘板材料制作，如硬纸板，制作方法如下：

1）立柱制作。先把硬纸板按需要尺寸剪成如图 5-1-14（a）所示的形状，在每个折痕处用小刀划一条深度为纸板厚度 1/3 的槽，再将其折合成内孔成矩形的骨架立柱，如图 5-1-14（b）所示。矩形的尺寸应保证比铁芯横截面积略大，以铁芯刚好能插进为宜。

2）挡板制作。可参照图 5-1-15（a）所示的形状下料，中间方孔四周用小刀划成深度为纸板厚度 1/3 的槽，再将两条对角线划穿，然后折成四个等腰三角形。若这四个等腰三角形底线处纸板太厚，制成骨架后影响铁芯窗口面积，可将纸板揭去一层，再将方形筒插入方孔，端部与挡板外侧齐平，用胶水将结合部粘牢，如

图 5-1-15（b）所示。

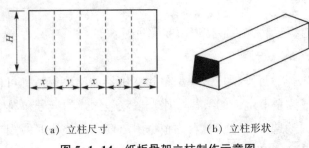

（a）立柱尺寸 （b）立柱形状

图 5-1-14 纸板骨架立柱制作示意图

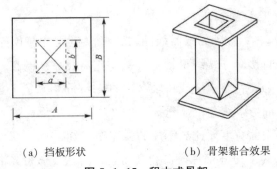

（a）挡板形状 （b）骨架黏合效果

图 5-1-15 积木式骨架

3. 绕组的绕制

（1）将手摇式绕线机（见图 5-1-16）固定在工作台上，随后将放入木芯的绕组骨架套在绕线机转轴上，两端用木夹板夹紧，并用螺母固定。

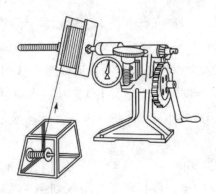

图 5-1-16 绕线示意图

216

（2）将漆包铜线卷置于放线架上，能自由、轻松地转动，放好线；并在绕组骨架上包好绝缘层。

（3）开始绕线前，要先将绕线机的计数转盘指针拨到指零。

（4）在导线引线头上压入一条用青壳纸或牛皮纸片做成的长绝缘折条，待绕几匝后抽紧起始头，制作出变压器起始端的引出线，如图5-1-17（a）所示。

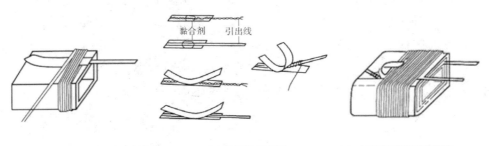

（a）起始端引出线的制作　　（b）引出线制作示意图　　（c）结尾段引出线的制作

图 5-1-17　引线制作

变压器每个绕组都有两根或两根以上的引出线，一般用多股软线、较粗的单股铜线或铜皮制成的焊片。将其焊在线圈端头，用绝缘材料包扎好后，引出线头从骨架端面挡板上预先钻好的孔内伸出，以备连接外电路。引出线头的做法为：绕线圈的漆包线直径在 0.2mm 以上的都用本线直接引出，直径在 0.2mm 以下的漆包线一般用多股软线做引出线。条件许可的，才用薄铜皮焊片做引出线头。接引出线头的方法如图 5-1-17（b）所示，先取两条长的青壳纸或牛皮纸，然后剪一段多股光导线或窄薄铜皮夹在纸中间，再用黏合剂粘牢。接线时，在漆包线的起始端把线头上的绝缘漆刮去，用焊锡把线圈端头和引出线焊牢。

（5）绕线时，通常按照一次侧绕组→静电屏蔽→二次侧高压绕组→二次侧低压绕组的顺序，依次叠绕。对无框骨架的，导线起绕点不可紧靠骨架边缘；对有边框的，导线一定要紧靠边框板。绕线时，绕线机的转速应与掌握导线的那只手左右摆动的速度相配合，并将导线稍微拉向绕组前进的相反方向约 5° 左右，以便将导线排紧。

（6）每绕完一层导线，应安放一层层间绝缘，并处理好中间抽头，导线自左向右排列整齐、紧密，不得有交叉或叠线现象，绕到规定匝数为止。

（7）当绕组绕至近末端时，先垫入固定出线用的绝缘带折条，待绕至末端时，把线头穿入折条内，然后抽紧末端线头，如图 5-1-17（c）所示。

（8）绕完一个绕组后，要垫上绕组与绕组之间的绝缘材料，才能开始绕制另一个绕组，绕制方法同前。所有绕组绕制完毕后，应包上外包绝缘，并用万用表检查各绕组的直流电阻。

（9）所有绕组绕制完毕后，还需要对绕组整形。由于绕制的绕组层与层之间比较疏松，所以可将绕组从绕线机上取下后放在台虎钳上加压整形。至此，整个绕组的绕制工作完成。

绕组绕制的要求：

绕组绕制的好坏是变压器质量的关键，其有如下三个要求：

（1）绕得紧。外一层要紧压在内一层上。若是方形线包，绕完后应成方形，不能成圆形或椭圆形，否则将造成铁芯窗口容纳不下线包。

（2）绕得密。相邻的导线之间不应留有空隙，如有空隙，将造成后一层导线下陷，影响平整。严重的会压破层间绝缘纸而造成短路。

（3）绕得平。每一层导线要排列平整，层内严禁重叠。若前一层不平，后面就更难绕平。

4. 绕组的初步检查

绕组制作完成后，要进行初步检查：

（1）用量具测量绕组各部分尺寸，与设计是否相符，以保证铁芯的装配；

（2）用电桥测量绕组的直流电阻，以保证负载用电的需要；

（3）用眼睛观察绕组的各部分引线及绝缘完好与否，以保证可靠地使用。

（二）绝缘处理

变压器绕组绕制完成后，为了提高绕组的绝缘强度、耐潮性、耐热性及导热能力，必须对绕组进行浸漆处理。

1. 绝缘处理用漆

绕组绝缘处理所用的漆，一般采用三聚氰胺醇酸树脂漆。

2. 绝缘处理所用工艺

变压器绝缘处理工艺与电机的基本相同，所不同的是变压器绕组可采用简易绝缘处理方法，即"涂刷法"：在绕制过程中，每绕完一层导线，就涂刷一层绝缘漆，然后垫上层间绝缘继续绕线，绕完后通电烘干即可。

3. 绝缘处理的步骤

变压器绝缘处理的步骤也与电机的步骤一样，为预烘→浸漆→烘干。对小型变压器绕组通电烘干可采用一种简易办法：用一台500VA的自耦变压器作电源，将该绕组与自耦变压器二次侧相接，并将一次侧绕组短接，逐步升高自耦变压器二次侧电压，用钳形电流表监视电流值，使电流达到待烘干变压器高压绕组额定电流的2~3倍，半小时后绕组将发热烫手，持续通电约10h，即可烘干层间涂刷的绝缘漆。

（三）铁芯装配

装配铁芯前，应先进行硅钢片的检查和选择。

1. 硅钢片的检查及挑选

（1）检查硅钢片是否平整，冲压时是否留下毛刺。不平整将影响装配质量，毛刺容易损坏片间绝缘，导致铁芯涡流增大。

（2）检查表面是否锈蚀。锈蚀后的斑块会增加硅钢片的厚度，减小铁芯有效截面。同时又容易吸潮，从而降低变压器绝缘性能。

（3）检查硅钢片表面绝缘是否良好。如有剥落，应重新涂刷绝缘漆。

2. 铁芯装配要求

（1）要装得紧。不仅可防止铁芯从骨架中脱出，还能保证有足够的有效截面和避免绕组通电后因铁芯松动而产生杂音。

（2）注意保护绝缘。装配铁芯时不得划破或胀破骨架，以免切伤导线，造成断路或短路。

（3）铁芯片叠插整齐。各型钢片的接缝要小，以免在磁路中形成气隙。

（4）要注意装配平整，美观。

3. 铁芯的插片

小型变压器的铁芯装配通常用交叉插片法，如图5-1-18所示。

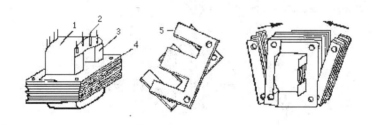

1—线包　2—引出线　3—绝缘衬片　4、5—E形硅钢片

图 5-1-18　交叉插片法

先在线圈骨架左侧插入 E 形硅钢片，根据情况可插 1~4 片，接着在骨架右侧也插入相应的片数，这样左右两侧交替对插，直到插满。最后将 I 形硅钢片（横条）按铁芯剩余空隙厚度叠好插进去即可。插片的关键是插紧，最后几片不容易插进，这时可将已插进的硅钢片中容易分开的两片间撬开一条缝隙，嵌入 1~2 片硅钢片，用木槌慢慢敲进去。同时在另一侧与此相对应的缝隙中加入片数相同的横条。嵌完铁芯后在铁芯螺孔中穿入螺栓固定即可。也可将铁皮剪成一定的形状，包套在铁芯

外边，用于固定。如图 5-1-19 所示。

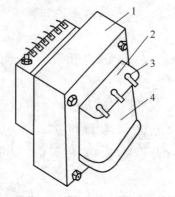

1—铁芯　2—骨架　3—引线　4—线圈

图 5-1-19　完工的变压器

注意：初学者在插片时容易出现两种毛病：一是发生"抢片"现象；二是硅钢片"错位"。

（1）抢片现象。"抢片"是在双面插片时一层的硅钢片插入另一层中间，如图 5-1-20 所示。如出现抢片未及时发现，继续敲打，势必将硅钢片敲坏。因此一旦发生抢片，应立即停止敲打。将抢片的硅钢片取出，整理平直后重新插片。不然这一侧硅钢片敲不进去，另一侧的横条也插不进来。

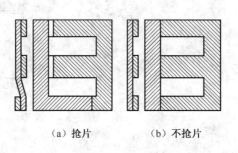

（a）抢片　　　　（b）不抢片

图 5-1-20　抢片与不抢片对比

（2）错位现象。硅钢片错位如图 5-1-21 所示。产生原因是在安放铁芯时，硅钢片的舌片没和线圈骨架空腔对准。这时舌片抵在骨架上，敲打时往往给制作者一个铁芯已插紧的错觉，这时如果强行将这块硅钢片敲进去，必然会损坏骨架和割断导线。

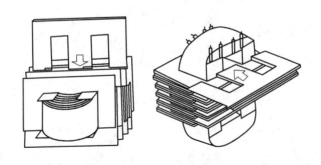

图 5-1-21 硅钢片错位

所以凡遇到硅钢片敲不进去时，应仔细检查原因，不可急躁。若绕组骨架空腔偏小，可将铁芯中间舌宽锉小。当线圈尺寸偏厚影响插片时，可在骨架内插入木芯，用两块木板在两侧护住线包，在台虎钳上把线包夹扁一些，安放铁芯就方便了。

（四）调整测试

由于小型单相变压器比较简单，制成之后一般只进行外表调整整理和空载测试。

1. 调整

（1）在不通电的情况下，观察外表，看铁芯是否紧密、整齐，有无松动等，绕组和绝缘层有无异常。并及时进行调整处理。

（2）空载通电后，有无异常噪声，对铁芯不紧、铁片不够所造成的噪声要进行夹紧整理。

2. 测试

绕制好的变压器投入使用之前，应对它进行一些简单的测试（如测试空载电流、空载电压等），测试合格的变压器才可投入使用。

【技能训练】

小型变压器简单的拆卸和装配

单相变压器是指在单相交流电源下工作的变压器，它的容量比较小，一般作控制、照明（低压）和整流用。通过拆卸和装配单相变压器可以更直观地认识其基本结构及组合方式。

（一）工具仪表及器材

电工工作台、常用电工工具一套、千分尺、方形木块等。

（二）训练内容

（1）小型单相变压器的拆卸。

（2）小型单相变压器的装配。

（三）训练步骤

1. 单相变压器的拆卸

（1）记录原始数据。在拆卸铁芯前及拆卸过程中，对各实验器材进行质量检查，以保证所用器件完好无损，同时必须记录待拆卸变压器的原始数据于表 5-1-4中，作为重新装配时的依据。

（2）铁芯拆卸。拆卸铁芯前，应先拆除外壳、接线柱和铁芯夹板等附件。不同的铁芯形状有不同的拆卸方法。

表 5-1-4　原始数据记录

铭牌					铁芯					
型号	容量	相数	初级绕组电压	次级绕组电压	硅钢片		尺寸			
					厚度	片数	长	宽	高	
绕　　组										
初级绕组					次级绕组					
线径		匝数			线径		匝数			

2. 单相变压器的装配

拆卸完毕，在熟悉单相变压器各器件组成后，重新装配单相变压器。装配的过程与拆卸步骤相反。

制作小型单相变压器

（一）工具仪表及器材

一字螺丝刀、剪钳、0.8mm 漆包线、绕线机、变压器绝缘漆、电工胶布、电烙铁，电源线一条、接线座一只、万用表、功率表、兆欧表等。

（二）训练内容

制作小型单相稳压电源变压器。

（三）训练步骤

1. 准备材料

（1）漆包线的选择。本实训选择一次绕组线径为 0.23mm，二次绕组线径为 0.77mm。

（2）绝缘纸的选择。层间绝缘应用 0.08mm 厚的牛皮纸，外层绝缘应用 0.25mm 的青壳纸。

（3）绕组骨架的选择。小型变压器制作选用有框骨架，由纤维板制成，也可自制。

（4）木芯的制作。根据【知识链接】中的制作方法自制木芯。

2. 绕组的绕制

按小型变压器绕制工艺绕制绕组，绕制结束后，先镶片，紧固铁芯，焊接引出线，经指导教师检验，待评分后再进行烘干、浸漆。最后进行空载实验，测量空载电压及空载电流。

3. 浸漆和绝缘处理

4. 安装铁芯

5. 检测

注意事项：

（1）木芯和活络框架做好后经教师检验合格，方可绕线。

（2）一次侧绕组引线放在左侧，二次侧绕组引线放在右侧。

【任务小结】

本任务中，我们了解了变压器的概念、分类、基本结构及工作原理，学习了小型变压器常见故障分析及排除方法；通过技能训练进一步掌握了小型变压器的制作工序。

【任务评价】

根据你对本任务的学习和表现情况，填写以下评价表。

表 5-1-5　任务评价表

任务名称			
任务时间		组　号	
小组成员			

检查内容			
咨询			
（1）明确任务学习目标			是 □ 否 □
（2）查阅相关学习资料			是 □ 否 □
计划			
（1）分配工作小组			是 □ 否 □
（2）自学安全操作规程			是 □ 否 □
（3）小组讨论安全、环保、成本等因素，制订学习计划			是 □ 否 □
（4）教师是否已对计划进行指导			是 □ 否 □
实施			
准备工作	（1）正确准备工具、仪表和器材		是 □ 否 □
	（2）具备变压器相关知识		是 □ 否 □
技能训练	（1）正确拆装小型变压器		是 □ 否 □
	（2）正确制作小型单相变压器		是 □ 否 □
安全操作与环保			
（1）工装整洁			是 □ 否 □
（2）遵守劳动纪律，注意培养一丝不苟的敬业精神			是 □ 否 □
（3）注意安全用电，做好电气设备的保养措施			是 □ 否 □
（4）严格遵守本专业操作规程，符合安全文明生产要求			是 □ 否 □
你在本次任务中有什么收获？			

续表

制作小型单相变压器有哪几道工艺？	
制作木芯和绕组骨架的作用分别是什么？	
组长签名：	日期：
教师审核：	
教师签名：	日期：

【思考与练习】

（1）什么是变压器？它有哪些用途？

（2）变压器的工作原理是什么？

（3）变压器常见的分类方式有哪些？按用途可分为哪几种？

（4）单相变压器最基本的结构部件有哪些？

（5）小型变压器通电后二次侧无输出，试分析原因，提出处理方法。

（6）制作小型单相变压器有哪几道工艺？

（7）绕组绕制的要求有哪些？

任务二　三相变压器

【任务导入】

在上一个任务中我们学习了单相变压器的结构和变压器的变压原理，而实际中大量使用的是三相变压器，典型的如三相油浸式电力变压器。与单相变压器相比，三相变压器的结构是怎样的？它又有哪些结构形式呢？

图 5-2-1 变压器

【学习目标】

知识目标：

（1）了解三相变压器的结构和原理；

（2）掌握三相变压器的极性及判别方法；

（3）认识三相变压器的铭牌及其额定值；

（4）了解三相变压器的一般维护。

技能目标：

（1）能用电压表法测定变压器绕组的极性；

（2）能用实验的方法检验三相变压器绕组的连接组别。

素质目标：

（1）培养学生做事认真、仔细，注重细节的习惯；

（2）培养学生爱护公物和实训设备，摆放东西规范有序的习惯；

（3）培养学生符合职业岗位要求的素养和团结协作精神。

【知识链接】

一、三相变压器的结构

按磁路系统不同，三相变压器可分为三相组合式变压器和三相芯式变压器。与同容量的三相变压器组相比较，三相芯式变压器的优点是所用材料少、自重轻、价格便宜。因此大多数三相变压器都采用芯式结构。但对于大型变压器而言，为减少备用容量以及确保运输方便，一般采用三相组式变压器。本任务主要讲解三相芯式变压器。

　　三相电力变压器的铁芯一般都采用芯式，目前使用最广的是油浸式电力变压器，其外形如图5-2-2所示。其主要由铁芯、绕组、油箱和冷却装置、保护装置等部件组成。

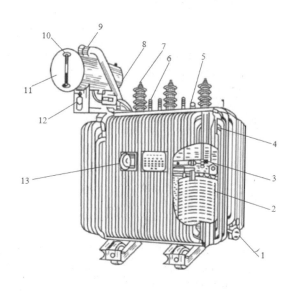

1—放油阀门　2—绕组　3—铁芯　4—油箱　5—分接开关　6—低压套管　7—高压套管
8—气体继电器　9—安全气道　10—油表　11—储油柜　12—吸湿器　13—湿度计

图5-2-2　油浸式电力变压器示意图

1. 铁芯

　　铁芯是三相变压器的磁路部分。与单相变压器一样，它也是由厚度为0.35mm或0.5mm的硅钢片叠装而成，铁芯的装配方式有对接式和叠接式两种。如图5-2-3所示为三相六片铁芯的交叠方式。

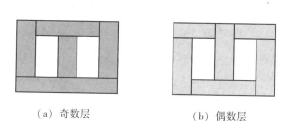

（a）奇数层　　　　　　　　　　（b）偶数层

图5-2-3　三相六片铁芯的交叠方法

2. 绕组

绕组是三相变压器的电路部分。与单相变压器一样，三相变压器有同心式绕组和交叠式绕组。

3. 油箱和冷却装置

由于三相变压器主要用于电力系统中进行电能的传输，因此其容量都比较大，电压也比较高。为了保证铁芯和绕组具有一定的散热和绝缘能力，均将其置于绝缘的变压器油内；同时，为了增加散热面积，一般在油箱四周加装散热装置。

4. 保护装置

在油箱与储油柜之间的连接管中装有气体继电器（见图5-2-2），当变压器发生故障时，内部绝缘物气化，使气体继电器继续动作，发出信号或使开关跳闸。

二、三相变压器绕组的连接方式

三相变压器有六个绕组，即三个高压绕组和三个低压绕组，为了正确连接和使用变压器，国标规定了三相变压器各个绕组的首端和末端的标记方法，见表5-2-1。

表5-2-1　三相变压器绕组首端和末端的标记方法

绕组名称	首端	末端
高压绕组	$1U_1$、$1V_1$、$1W_1$	$1U_2$、$1V_2$、$1W_2$
低压绕组	$2U_1$、$2V_1$、$2W_1$	$2U_2$、$2V_2$、$2W_2$

注意：

三相变压器的高低压绕组的首端（如$1U_1$、$2U_1$）或末端（如$1U_2$、$2U_2$）不一定是同名端。同名端的判断需要根据绕组的绕向用楞次定律或用实验的方法判断。

在三相变压器中，高低压绕组均可以采用星形连接和三角形连接两种方式。

（一）星形连接

如图5-2-4（a）所示，将原绕组的三相线圈的3个尾端$1U_2$、$1V_2$、$1W_2$连接在一起，构成中性点N1；将它的三个首端$1U_1$、$1V_1$、$1W_1$引出，接到三相电源上，这种连接方式称为星形连接，用符号"Y"表示。

原绕组采用星形连接并接入对称的三相交流电源时，三相绕组中的电流也是对称的。

在任何时刻，电流总是从一相流入，从另外两相流出（或从两相流入，从另外

228

一相流出；或当一相电流为 0 时，从一相流入，另一相流出）。各相电流在铁芯产生的磁通方向是对称的，感应电动势是对称的，变压器正常运行。但若其中某一相的首尾接反，磁路将严重不对称，则会导致空载电流 I_0 迅速上升，使变压器发热，以致烧坏。副绕组的星形接法，是将 3 个绕组 $2U_2$、$2V_2$、$2W_2$ 连接在一起形成中性点 N_2，3 个绕组首端 $2U_1$、$2V_1$、$2W_1$ 分别引出，与负载连接，以获得对称的三相电动势，如图 5-2-4（b）所示。如果首尾接反，就不能形成对称的三相电动势，对负载和变压器造成损坏。

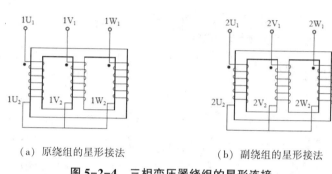

（a）原绕组的星形接法　　　　　　（b）副绕组的星形接法

图 5-2-4　三相变压器绕组的星形连接

（二）三角形连接

把三相变压器一相绕组的末端和另一相绕组的首端连在一起，顺次连接成一个闭合回路，然后从首端或尾端引出三个连接点与电源或负载连接，这种连接方式称为三角形连接。由于首尾连接顺序的不同，三角形连接可分为正相序三角形连接和反相序三角形连接。三角形连接在旧的标准中用符号"△"表示，新标准中用符号"D"表示。

1. 正相序三角形连接

如图 5-2-5（a）所示，正相序三角形连接是将原绕组的 $1U_1$—$1V_2$、$1V_1$—$1W_2$、$1W_1$—$1U_2$ 端子连接，或将副绕组的 $2U_1$—$2V_2$、$2V_1$—$2W_2$、$2W_1$—$2U_2$ 端子连接，使其成为闭合回路，再将连接点 $1U_1$、$1V_1$、$1W_1$ 与电源连接和将连接点 $2U_1$、$2V_1$、$2W_1$ 与负载连接。

2. 反相序三角形连接

如图 5-2-5（b）所示，反相序三角形连接是将原绕组的 $1U_2$—$1V1$、$1V_2$—$1W_1$、$1W_2$—$1U_1$ 端子连接，或将副绕组的 $2U_2$—$2V_1$、$2V_2$—$2W_1$、$2W_2$—$2U_1$ 端子连接，使其成为闭合回路，再将连接点 $1U_1$、$1V_1$、$1W_1$ 与电源连接和将连接点 $2U_1$、$2V_1$、$2W_1$ 与负载连接。

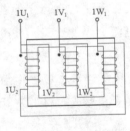
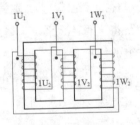

(a) 正相序三角形连接　　　　　　(b) 反相序三角形连接

图 5-2-5　三角形连接

三、三相变压器的运行与维护

为了保证变压器安全可靠地运行，在运行前应进行必要的检查和试验，运行中应严格监视和定期维护，当变压器有异常时应及时发现、及时处理。

新装或经过检修的变压器，在投动前应特别注意检查储油柜的油位是否正常，吸湿器内的干燥剂有无受潮，安全气道是否完好，分接开关位置是否正常，冷却装置是否齐全、控制回路是否良好，接地装置是否完好等；在试验项目中特别注意测量绝缘电阻和吸收比及测定连接组别；在运行监视中特别注意变压器各物理量均在额定范围内。

（一）变压器投运前的检查项目

（1）变压器本体及其附件表面应清洁，附近无杂物。

（2）变压器各部件紧固、表面无破损、不漏油。

（3）接地装置完好，消防设备齐全。

（4）储油柜和充油套管内的油位、油色正常。

（5）吸湿器内的干燥剂无受潮，安全气道的保护膜完整无损。

（6）气体继电器、散热器、净油器的管路阀门应处于打开位置。

（7）高、低压套管上的引线紧固，三相交流电相位正确、标志明显。

（8）分接开关位置正确、定位螺丝紧固。

（9）冷却装置齐全，控制回路良好，温度计指示正常。

（10）变压器上无遗留接地线、标示牌和工具、材料等。

（二）变压器投运前的试验项目

（1）绝缘电阻和吸收比的测量。

（2）测量变压器各绕组的直流电阻。

（3）测量分接开关各分接头上的变压比。

（4）测定三相变压器的联结组别。

（5）测定变压器的空载电流和空载损耗。

（6）耐压试验。

（三）变压器运行期间的巡视检查

变压器在运行期间，应每天至少巡视一次，每周应进行一次夜间巡视；在天气恶劣的情况下还要加强巡视。每次巡视应做好详细记录。现场巡视检查应按下列项目进行：

（1）变压器上层油温是否正常，是否接近或超过允许限额。

（2）变压器油枕上的油位是否正常，是否与油温相对应。

（3）变压器运行的声响与以往比较有无异常，例如声响增大或有其他新的响声等。

（4）变压器各侧套管表面是否清洁，有无破损、裂纹及放电痕迹，对于充油套管还应检查油位是否正常，有无渗油现象。

（5）变压器各侧接线端子是否完整、紧固，有无过热痕迹。

（6）变压器油箱有无渗漏油现象，箱壳上的各种阀门的状态是否符合运行要求。

（7）冷却装置运行是否正常，如风扇、潜油泵是否按要求运行，风扇、潜油泵的运行声音是否正常，风向和油的流向是否正确。

（8）检查调压分接头位置指示是否正确。对于并列运行的变压器或单相式变压器组，还应检查各调压分接头的位置是否一致。

（9）检查呼吸器中的硅胶是否变红；呼吸器小油杯中的油面是否合适。

（10）电控箱和机构箱内各种电器装置是否完好，位置和状态是否正确；箱壳密封是否良好。

（11）变压器的接地装置是否完好无损，变压器的外壳、中性线及避雷装置的接地线是否紧密连接在一起，完好接地。

（12）在下列情况，应对主变压器作特殊检查：

1）每次跳闸后主变压器过负荷和过电压运行，应特别注意温度和过热情况以及振动，本体油位等情况，应每半小时检查一次，并做好记录。

2）每次雷电、大风、冰雹、暴雨等恶劣天气后。

3）主变压器近区故障时。

（四）变压器定期维护项目

绝大多数变压器是安装在露天或半露天的场合，要受到雨、雪、风、霜、雷电、高温、严寒、雾气、灰尘等多种气候条件的侵袭。每台变压器在设计制造时，根据国家标准和技术条件，虽考虑到要承受上述各种恶劣条件，但变压器经过一段时期的运行后，其抵御能力会下降，因此必须进行定期维护，以恢复变压器的抵御能力。一般情况下，每半年进行一次维护已足够，但在环境污秽、气候恶劣的地区，则应适当缩短维护周期，可以4个月一次，甚至每季度一次。

变压器定期维护的项目如下：

（1）清扫变压器箱壳及其附件。

（2）擦净高、低压套管外表面。

（3）对变压器本体及充油附件，取油样并做油样试验。

（4）检查维护绝缘套管的导电接头、导电板帽盖。

（5）雷雨季节前，维护好避雷装置并预先投入系统。

（6）趁维护停电机会，对一些零星小缺陷应予以消除。

（五）变压器常见故障的现象、故障原因及处理方法

变压器运行过程中，最常见的故障有绕组故障、铁芯故障及套管和分接开关等部分故障。应根据故障的现象，查找原因，采取相应的处理方法。表5-2-2列出了变压器常见故障的现象、故障原因及处理方法。

表5-2-2 变压器常见故障及处理方法

常见故障	可能原因	处理方法
变压器异常声响	变压器过负荷，发出声响比平时沉重	减少负荷
	电源电压过高，发出的声响比平时沉重	按操作规程降低电源电压
	变压器内部振动加剧或结构松动，发出的声响大而嘈杂	减少负荷或停电维修
	绕组或铁芯绝缘有击穿现象，发出声响大且不均匀或有爆炸声	停电修理
	套管太脏或有裂纹发出吱吱声，且套管表面有闪烁现象	停电清洁套管或更换套管

续表

常见故障	可能原因	处理方法
油温过高	变压器过载	减少负荷
	三相负载不平衡	调整三相负载的分配，使其平衡；对于 YYN 连接的变压器，其中线性电流不能超过低压绕组额定电流的25%
	变压器散热不良	检查并改善冷却系统的散热情况
油面高度不正常	油温过高，油面上升	见以上油温过高的处理方法
	变压器漏油、渗油，油面下降（注意天气变化对油面的影响）	停电维修
变压器油变黑	变压器绕组绝缘击穿	修理变压器绕组
低压熔丝熔断	变压器过负载	减少负载，更换熔丝
	低压线路短路	排除短路故障，更换熔丝
	用电设备绝缘损坏，造成短路	修理用电设备，更换熔丝
	熔丝的容量选择不当，熔丝本身质量不好或熔丝安装不当	更换熔丝按照规定安装
高压熔丝熔断	变压器绝缘击穿	修理变压器，更换熔丝
	低压设备绝缘损坏造成短路，但低压熔丝未熔断	修理低压设备，更换高压熔丝
	熔丝的容量选择不当，熔丝本身质量不好或熔丝安装不当	更换熔丝按照规定安装
	遭受雷击	更换熔丝
防爆管薄膜破裂	变压器内部发生故障（如绕组相间短路等），产生大量气体，压力增大	停电修理变压器，更换防爆管薄膜
	由于外力作用而造成薄膜破裂	更换防爆管薄膜
气体继电器动作	变压器绕组匝间短路，相间短路、绕组断线、对地绝缘击穿等	停电修理变压器绕组
	分接开关触头表面熔化或灼伤；分接开关触头放电或各分接头放电	停电修理分接开关

【技能训练】

三相变压器绕组极性的判定

（一）工具、仪表及器材

三相交流电源、三相调压器一台、三相变压器一台、交流电压表一个、万用表一个、低压开关一个、熔断器三个、示波器一台、连接导线若干。

（二）训练内容

三相变压器各绕组端子的确定及其极性的判别。

（三）训练步骤

1. 确定各绕组的端子

三相变压器的三个原绕组和三个副绕组总共有 12 个出线端，用万用表的欧姆挡分别测量每两个端子之间的电阻值的大小，如图 5-2-6 所示。若测得两端子间的电阻接近，表明两端子之间是开路，即它们不在同一绕组上；若测得两端子间的电阻在几欧到几百欧之间，表明两端子在同一绕组上。这样便可以将 12 个端子分成 6 组，每一组为一个绕组。

2. 确定原、副绕组

用万用表欧姆挡进一步测试每一个绕组的两个端子间的电阻值，电阻值大的为原绕组（高压侧绕组），电阻值小的为副绕组（低压侧绕组）。

3. 暂定绕组端子标记

如图 5-2-7 所示，给三相原绕组中每一相绕组的两个端子暂时标上记号：A-X，B-Y，C-Z，其中 A、B、C 互为同名端（假定为首端），X、Y、Z 互为同名端（假定为末端）；给三相副绕组中每一相绕组的两个端子暂时标上记号：a-x，b-y，c-z，其中 a、b、c 互为同名端（假定为首端），x、y、z 互为同名端（假定为末端）。

图 5-2-6　万用表测量两端子

图 5-2-7　标记各端子

4. 用电压表法判别绕组的极性

（1）测定原绕组的极性。按图 5-2-8 所示接线，将 X 和 Y 两点用导线相连，在 C-Z 绕组间加一低压交流电压（如 AC100V），用电压表测出 U_{AX}、U_{BY} 和 U_{AB}，如图 5-2-9 所示。

图 5-2-8　C-Z 绕组间加 AC100V 电压

图 5-2-9　万用表测量电压

1）若 $U_{AB} = |U_{AX} - U_{BY}|$，则表明 A-X、B-Y 两相绕组暂定标记正确；若 $U_{AB} = |U_{AX} + U_{BY}|$，则表明 A-X、B-Y 两相绕组暂定标记错误，此时应该把其中的任一相绕组的标记调换过来（比如将 B-Y 改正为 Y-B）。

2）用同样的方法，在 B-Y 绕组间加低压交流电压，用电压表可判定 A-X 和 C-Z 两相绕组暂定标记的正确性，进而可以确定三相原绕组的同名端。

（2）测定每相原、副绕组的极性。按图 5-2-10 所示接线，将 Z 和 z 两点用导线相连，在 C-Z 绕组间加一低压交流电压（如 100V），用电压表测出 U_{CZ}、U_{cz} 和 U_{Cc}。

1）若 $U_{Cc} = |U_{CZ} - U_{cz}|$，则表明 C-Z，c-z 两相绕组暂定标记正确；若 $U_{Cc} = |U_{CZ} + U_{cz}|$，则表明 C-Z、c-z 两相绕组暂定标记错误，此时应该把 c-z 绕组的标

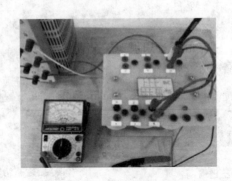

图 5-2-10　万用表测量电压

记调换过来（即改正为 z-c）。

2）用同样的方法，判别其他两相原、副绕组间暂定标记的正确性。从而把三相变压器各个绕组的极性确定下来。

【任务小结】

本任务中，我们学习了三相变压器的基本结构，三相变压器的连接方式以及连接组别的判别知识；通过技能训练，进一步掌握三相变压器绕组极性判定方法、连接组别的检验方法。

【任务评价】

根据你对本任务的学习和表现情况，填写以下评价表。

表 5-2-3　任务评价表

任务名称			
任务时间		组　号	
小组成员			
检查内容			
咨询			
（1）明确任务学习目标			是 □ 否 □
（2）查阅相关学习资料			是 □ 否 □
计划			

续表

（1）分配工作小组		是 □ 否 □
（2）自学安全操作规程		是 □ 否 □
（3）小组讨论安全、环保、成本等因素，制订学习计划		是 □ 否 □
（4）教师是否已对计划进行指导		是 □ 否 □
实施		
准备工作	（1）正确准备工具、仪表和器材	是 □ 否 □
	（2）具备三相变压器相关知识	是 □ 否 □
技能训练	（1）正确使用万用表判别三相变压器绕组极性	是 □ 否 □
	（2）正确使用实验法校验三相变压器绕组的连接组别	是 □ 否 □
安全操作与环保		
（1）工装整洁		是 □ 否 □
（2）遵守劳动纪律，注意培养一丝不苟的敬业精神		是 □ 否 □
（3）注意安全用电，做好电气设备的保养措施		是 □ 否 □
（4）严格遵守本专业操作规程，符合安全文明生产要求		是 □ 否 □
你在本次任务中有什么收获？		
什么是三相变压器的连接组？它是如何标记的？		
组长签名：　　　　　　　　　　日期：		
教师审核：		
教师签名：　　　　　　　　　　日期：		

【思考与练习】

（1）三相芯式变压器有何特点？

（2）三相变压器有哪两种连接方式？分别简述具体是如何连接的。

（3）三相变压器并联运行的条件是什么？为什么要并联运行？

（4）变压器投运前的检查项目、实验项目有哪些？

（5）简述变压器的常见故障和处理方法。

任务三　三相异步电动机

【任务导入】

三相异步电动机是机电设备中重要的组成部分（见图5-3-1），想要正确设计和安装车间中的生产控制线路，就必须先了解和熟悉电动机的结构和原理。今天我们就一起来学习三相异步电动机的相关知识吧！

图5-3-1　三相异步电动机

【学习目标】

知识目标：

（1）了解三相异步电动机的结构和工作原理；

（2）熟悉三相异步电动机的维修和保养方法。

技能目标：

（1）能够进行三相异步电动机的拆卸和安装；

（2）能够进行三相异步电动机的维修和保养。

素质目标：

（1）培养学生做事认真、仔细，注重细节的习惯；

（2）培养学生爱护公物和实训设备，摆放东西规范有序的习惯；

（3）培养学生符合职业岗位要求的素养和团结协作精神。

【知识链接】

一、认识三相异步电动机

（一）三相异步电动机的结构

三相异步电动机同直流电动机一样都是将电源输入的电能转变为从转轴上输出的机械能的电磁转换装置。由于三相异步电动机的结构简单、运行可靠、使用和维修方便，能适应各种不同条件的需要，因此被广泛地应用于工农业的生产中。

如图 5-3-2 所示为三相异步电动机的结构图，由图中可以看出三相异步电动机主要由两大部分组成，固定不动的部分叫定子，旋转的部分叫转子。由于两者之间有相对运动，所以定转子之间有气隙存在，以保证转子工作时的旋转。

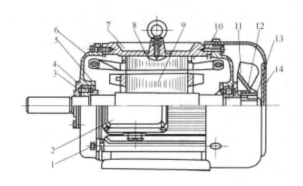

1—紧固件 2—接线盒 3—轴承外盖 4—轴承 5—轴承内盖 6—端盖 7—机座
8—定子 9—转子 10—风罩 11—风扇 12—键 13—轴承挡圈 14—外风扇罩

图 5-3-2 三相异步电动机结构

1. 定子部分

定子部分是电动机的静止部分，用来产生旋转磁场。主要由机座、定子铁芯和定子绕组等组成。

（1）机座。机座的主要作用是作为整个电动机的支架，用它固定定子铁芯和定

239

子绕组，并以前后两个端盖支承转子转轴。它的外表面铸有散热筋，以增加散热面积，提高散热效果。机座通常用铸铁或铸钢铸造而成。

（2）定子铁芯。三相异步电动机定子铁芯是电动机磁路的一部分，由 0.35～0.5mm 厚表面涂有绝缘漆的薄硅钢片叠压而成，如图 5-3-3 所示。由于硅钢片较薄而且片与片之间是绝缘的，所以减少了由于交变磁通通过而引起的铁芯涡流损耗。铁芯内圆有均匀分布的槽口，用来嵌放定子绕组。

 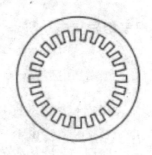

（a）安装在机座内的定子铁芯　　　　　　　　　（b）定子铁芯冲片

图 5-3-3　定子铁芯

（3）定子绕组。定子绕组是三相异步电动机的电路部分，一般用绝缘的铜（或铝）导线绕成，嵌在定子槽内。三相电动机有三相绕组，通入三相对称电流时，就会产生旋转磁场。三相绕组由三个彼此独立的绕组组成，且每个绕组又由若干线圈连接而成。每个绕组即为一相，每个绕组在空间相差 120° 电角度。线圈由绝缘铜导线或绝缘铝导线绕制。中小型三相电动机多采用圆漆包线，大中型三相电动机的定子线圈则用较大截面的绝缘扁铜线或扁铝线绕制后，再按一定规律嵌入定子铁芯槽内。定子三相绕组的六个出线端都引至接线盒上，首端分别标为 U_1、V_1、W_1，末端分别标为 U_2、V_2、W_2。这六个出线端在接线盒里的排列如图 5-3-4 所示，可以接成星形或三角形。

2. 转子

转子是电动机转动部分的总称，是实现在定子旋转磁场感应下产生电磁转矩带动负载转动的部分。转子包括转轴、转子铁芯和转子绕组等部分。

（1）转轴。转轴是通过转子中心的钢轴，随转子一起转动，加上皮带轮后用于带动工作机械运转。其起到支承转子及其他一些部件、传递和输出转矩的作用，并保证转子与定子之间圆周有均匀的空气隙。转轴一般用中碳钢棒料经车削加工而成。

（2）转子铁芯。转子铁芯是电机磁路的一部分，它用 0.5mm 厚外圆冲槽的硅钢片叠压而成。铁芯固定在转轴或转子支架上，整个转子的外表呈圆柱形。

240

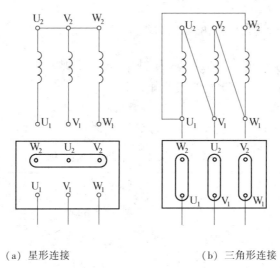

（a）星形连接　　　　　（b）三角形连接

图 5-3-4　定子绕组的连接

（3）转子绕组。转子绕组的作用是产生感应电流，形成电磁转矩，实现电能与机械能的转换。转子绕组有笼式和绕线式两种形式，三相笼形异步电动机就是笼形绕组。笼形绕组是在转子铁芯槽中嵌放裸铜条或浇铸铝，其两端用端环连接，形状如鼠笼，故称为鼠笼式，简称笼形，如图 5-3-5 所示。绕线式是在转子槽内嵌入由绝缘的导线绕制而成的三相对称绕组，其极数与定子绕组相同，其末端接在一起，首端分别接至转轴上 3 个彼此绝缘的铜制滑环上，接成星形，由滑环上的电刷引出与外加变阻器连接，构成转子的闭合回路。

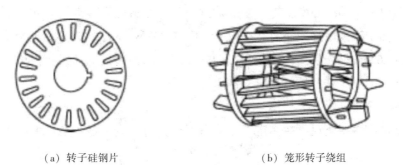

（a）转子硅钢片　　　　　（b）笼形转子绕组

图 5-3-5　笼形转子

3. 其他附件

其他附件主要有端盖、轴承、接线盒、吊环等。端盖主要起防护作用，同时在端盖上装有轴承，端盖可以很好地保护轴承，使轴承内的润滑油不致溢出。轴承主要用来连接定子部分和转子部分，支承转轴转动，一般采用滚动轴承以减少摩擦。接线盒保护和固定定子绕组的引出线端子。吊环主要用来起吊或搬运电动机。

（二）三相异步电动机的铭牌

在三相异步电动机的机座上均装有一块铭牌，铭牌上注明了该三相电动机的主要技术数据，供选择、安装和正确使用电动机时参考。以表 5-3-1 为例对电动机铭牌数据进行说明。

表 5-3-1　三相异步电动机铭牌数据

三相异步电动机			
型号 Y2-132S-4		功率 5.5 kW	电流 11.7A
频率 50Hz	电压 380V	接法 △	转速 1440r/min
防护等级 IP44	重量 68kg	工作制 S1	F 级绝缘
××电机厂			

1. 型号

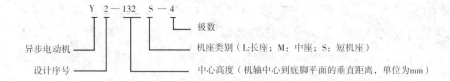

由于电动机的中心高度越大，电动机的容量也就越大，因此三相异步电动机按容量分类与中心高度有关。通常，中心高度在 80~315mm 的为小型电动机，中心高度在 315~630mm 的为中型电动机，630mm 以上的为大型电动机。当中心高度相等时，机座长的由于铁芯长，相应的电动机容量也就较大。

2. 额定电流 I_N

额定电流是指电动机在额定工作状态下运行时，流入定子绕组的线电流，用 I_N 表示，单位是 A。本例中 $I_N = 11.7A$。

3. 额定电压 U_N

额定电压是指电动机在额定工作状态下运行时，接到定子绕组的线电压，用 U_N 表示，单位是 V。本例中 $U_N = 380V$。

4. 额定功率 P_N

额定功率是指电动机在额定工作状态下运行时，允许输出的机械功率，用 P_N 表示，单位是 kW 或 W。本例中 $P_N = 5.5kW$。额定功率与其他额定数据之间的关系是：

$$P_N = \sqrt{3} U_N I_N \eta_N \cos\varphi_N$$

式中，$\cos\varphi_N$ ——额定功率因数；η_N ——额定效率。

5. 额定转速

额定转速是指电动机在额定工作状态运行时的转速，用 n_N 表示，它略小于对应的同步转速 n_1，单位为 r/min。本例中 $n_N = 1440r/min$。

6. 接法

接法指电动机定子三相绕组与交流电源的连接方法。对 J02、Y 及 Y2 系列电动机国家标准规定：凡功率在 3kW 及以下者均采用星形连接，4kW 及以上者均采用三角形连接。

7. 防护等级

防护等级是指电动机外壳防护的方式。IP11 是开启型，IP22、IP23 是防护型，IP44 是封闭型。

8. 频率

频率是指电动机使用交流电源的频率，单位为 Hz。

9. 绝缘等级

绝缘等级是指电动机所采用的绝缘材料的耐热能力，可分为 7 个等级，见表 5-3-2。目前，国产电机使用的绝缘材料等级为 B、F、H、C 四个等级。

表 5-3-2　绝缘材料耐热性能等级

绝缘等级	Y	A	E	B	F	H	C
最高允许温度（℃）	90	105	120	130	155	180	>180

10. 额定工作制

额定工作制是指电动机按铭牌值工作时，可以持续运行的时间和顺序。电动机额定工作制分为连续、短时、周期断续三种，分别用 S1、S2、S3 表示。

（1）连续 S1。表示电动机按铭牌值工作时可以长期连续运行。

（2）短时 S2。表示电动机按铭牌值工作时只能在规定的时间内短时运行。我国规定的短时运行时间为 10min、30min、60min 和 90min 四种。

（3）周期断续 S3。表示电动机按铭牌值工作时，运行一段时间就要停止一段时间，周而复始地按一定周期重复运行。每一周期为 10min，我国规定的负载持续率为 15%、25%、40% 和 60% 四种。例如，标明 60% 则表示电动机每工作 6min 就需休息 4min。

（三）三相异步电动机的工作原理

1. 旋转磁场

（1）旋转磁场及其产生。如图 5-3-6（a）所示为异步电动机旋转原理，在一个可旋转的马蹄形磁铁中间，放置一只可以自由转动的笼形短路线圈，也称为笼形转子。当转动马蹄形磁铁时，笼形转子就会跟着一起旋转。这是因为当磁铁转动时，其磁感线（磁通）切割笼形转子的导体，在导体中因电磁感应而产生感应电动势，由于笼形转子本身是短路的，在电动势作用下导体中就有电流流过，该电流的方向如图 5-3-6（b）所示。该电流又和旋转磁场相互作用，产生转动力矩，驱动笼形转子随着磁场的转向而旋转起来，这就是异步电动机的简单工作原理。

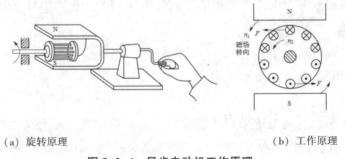

（a）旋转原理　　　　　　　　　　　　　　　（b）工作原理

图 5-3-6　异步电动机工作原理

（2）旋转磁场的转速。旋转磁场的转速称为同步转速，用 n_1 表示，单位为 r/min（转/分）。对于两极三相异步电动机（即 2p = 2），当三相交流电变化一周，其定子绕组所产生的旋转磁场也正好旋转了一周。故两极电动机中旋转磁场的转速等于三相交流电的变化速度，即

$$n_1 = 60\, f_1 = 60 \times 50 = 3000\ \text{r/min}$$

对于四极三相异步电动机（即 2p = 4），当三相交流电变化一周，其定子的旋转磁场只是旋转了半周。所以在四极电动机中，旋转磁场的转速等于三相交流电的变化速度的一半，即

$$n_1 = \frac{60 f_1}{2} = 1500\ \text{r/min}$$

当三相异步电动机有 p 对磁极时，旋转磁场的转速为

$$n_1 = \frac{60f_1}{p}$$

式中，f_1——三相交流电源的频率，Hz；p——电机磁极对数。

2. 三相异步电动机的旋转原理

（1）转子旋转原理。见图 5-3-7 为一台三相鼠笼式异步电动机定子与转子剖面图。转子上的 6 个小圆圈表示自成闭合回路的转子导体。当向三相定子绕组 U_1U_2、V_1V_2、W_1W_2 中通入三相交流电后，将在定子、转子及其空气隙内产生一个同步转速为 n_1，在空间按顺时针方向旋转的磁场。该旋转的磁场将切割转子导体，在转子导体中产生感应电动势，由于转子导体自成闭合回路，因此该电动势将在转子导体中形成电流，其电流方向可用右手定则判定。注意，通常使用右手定则时，磁场是静止的，导体在作切割磁感线的运动，而此处刚好相反。因此，可以把旋转的磁场看成不动，而将导体视为与旋转磁场相反的方向（逆时针）去切割磁感线，从而判断出在该瞬间转子导体中的电流方向。有电流流过的转子导体将在旋转磁场中受电磁力 F 的作用，其方向可用左手定则判断，该电磁力在转子转轴上形成电磁转矩，使异步电动机以转速 n 旋转。

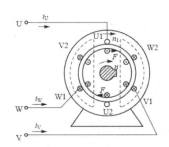

图 5-3-7　三相异步电动机旋转原理

（2）转差率。由上面的分析可知，转子的转速 n 一定要小于旋转磁场的转速 n_1，因为如果转子转速与旋转磁场转速相等，则转子导体就不再切割旋转磁场，转子导体也就不再产生感应电动势与感应电流，电磁力 F 将为 0，转子就将减速。因此，转子转速 n 与旋转磁场转速 n_1 之间总是保持着相对稳定的转速差，异步电动机的"异步"称谓正是来源于此。将异步电动机旋转磁场转速 n_1 与转子转速 n 之差称为转差。转差与旋转磁场转速 n_1 的比值，称为转差率，用 s 表示，即

$$s = \frac{n_1 - n}{n_1}$$

转差率 s 是三相异步电动机的一个重要参数，其大小与异步电动机运行情况密切相关。三相异步电动机在几种特定工作状态下的取值分别为：

1）电动机在静止或启动的瞬间：n = 0，s = 1；

2）电动机空载时：n 很高，s 很低：s 在 0.004 ~ 0.007；

3）电动机在额定工作状态下运行：s 在 0.01 ~ 0.07，额定转差率用 s_N 表示；

4）电机处于电动机运行状态时：s 则处于 0< s <1 的范围内。

【例】一台三相异步电动机，其额定转速 n_N = 975 r/min，电源频率 f_1 = 50Hz。试求电动机的磁极对数 p 和额定负载下的转差率 s_N。

解：由于电动机的额定转速应接近且略小于同步转速 n_1，而 n_1 对应于磁极对数 p 有一系列固定值。根据 $n_1 = \frac{60f_1}{p}$，得

$$p = \frac{60f_1}{n_1} < \frac{60f_1}{n} = 3.07$$

因此，p = 3，n_1 = 1000 r/min。则额定转差率为

$$S_N = \frac{n_1 - n_N}{n_1} = \frac{1000 - 975}{1000} = 0.025$$

二、三相异步电动机的常见故障及检修

三相异步电动机运行长时间后，由于磨损或老化，就会出现各种各样的故障。表 5-3-3 列出了三相异步电动机的一些常见故障现象、产生故障可能的原因及检修方法。

表 5-3-3　三相异步电动机的常见故障现象、原因及检修方法

常见故障	故障原因	维修方法
通电后电动机不能转动，但无异响，也无异味和冒烟	①电源未通（至少两相未通） ②熔丝熔断（至少两相熔断） ③控制设备接线错误 ④电机已经损坏	①检查电源回路开关，熔丝、接线盒处是否有断点，修复 ②检查熔丝型号、熔断原因，更换熔丝 ③更正接线 ④检查电机，修复

续表

常见故障	故障原因	维修方法
通电后电动机不转，然后熔丝烧断	①缺一相电源或定子线圈一相反接 ②定子绕组相间短路 ③定子绕组接地 ④定子绕组接线错误 ⑤熔丝截面过小 ⑥电源线短路或接地	①查明断点，予以修复 ②检查绕组极性；判断绕组首末端是否正确 ③紧固松动的接线螺栓，用万用表判断各接头是否假接，予以修复 ④减载或查出并消除机械故障 ⑤检查是否把规定的接法误接为"Y"接法；是否由于电源导线过细使压降过大，予以纠正 ⑥重新装配使之灵活；更换合格油脂，修复轴承
电动机启动困难，带额定负载时，电动机转速低于额定转速较多	①电源电压过低 ②接法误接为"Y"接法 ③笼形转子开焊或断裂 ④定子、转子局部线圈错接、接反 ⑤电机过载	①测量电源电压，设法改善 ②纠正接法 ③检查开焊和断点并修复 ④查出误接处，予以改正 ⑤减载
电动机空载电流不平衡，三相相差大	①绕组首尾端接错 ②电源电压不平衡 ③绕组有匝间短路、线圈反接等故障	①检查并纠正 ②测量电源电压，设法消除不平衡 ③消除绕组故障
电动机空载电流平衡，但数值大	①电源电压过高 ②"Y"接电动机误接为"△"接 ③气隙过大或不均匀	①检查电源，设法恢复额定电压 ②改接为"Y"接 ③更换新转子或调整气
电动机运行时响声不正常，有异响	①转子与定子绝缘低或槽楔相擦 ②轴承磨损或油内有沙粒等异物 ③定子、转子铁芯松动 ④轴承缺油 ⑤风道填塞或风扇擦风罩 ⑥定子、转子铁芯相擦 ⑦电源电压过高或不平衡 ⑧定子绕组错接或短路	①修剪绝缘，削低槽楔 ②更换轴承或清洗轴承 ③检查定子、转子铁芯 ④加油 ⑤清理风道，重新安装风罩 ⑥消除擦痕，必要时车小转子 ⑦检查并调整电源电压 ⑧消除定子绕组故障

续表

常见故障	故障原因	维修方法
运行中电动机振动较大	①由于磨损，轴承间隙过大 ②气隙不均匀 ③转子不平衡 ④转轴弯曲 ⑤铁芯变形或松动 ⑥联轴器（皮带轮）中心未校正 ⑦风扇不平衡 ⑧机壳或基础强度不够 ⑨电动机地脚螺丝松动 ⑩笼形转子开焊、断路、绕组转子断路 ⑪定子绕组故障	①检查轴承，必要时更换 ②调整气隙，使之均匀 ③校正转子动平衡 ④校直转轴 ⑤校正重叠铁芯 ⑥重新校正，使之符合规定 ⑦检修风扇，校正平衡，纠正其几何形状 ⑧进行加固 ⑨紧固地脚螺栓 ⑩修复转子绕组 ⑪修复定子绕组
轴承过热	①润滑脂过多或过少 ②油质不好含有杂质 ③轴承与轴颈或端盖配合不当 ④轴承盖内孔偏心，与轴相擦 ⑤电动机与负载间联轴器未校正或皮带过紧 ⑥轴承间隙过大或过小 ⑦电动机轴弯曲	①按规定加润滑油脂（容积的$1/3\sim2/3$） ②更换为清洁的润滑油脂 ③过松可用黏结剂修复 ④修理轴承盖，消除擦点 ⑤重新装配或校正，调整皮带张力 ⑥更换新轴承 ⑦矫正电机轴或更换转子
电动机过热甚至冒烟	①电源电压过高，使铁芯发热大大增加 ②电源电压过低，电动机又带额定负载运行，电流过大使绕组发热 ③定子、转子铁芯相擦，电动机过载或频繁启动 ④笼形转子断条 ⑤电动机缺相，两相运行 ⑥环境温度高，电动机表面污垢多，或通风道堵塞 ⑦电动机风扇故障，通风不良 ⑧定子绕组故障（相间、匝间短路；定子绕组内部连接错误）	①降低电源电压（如调整供电变压器分接头），若是电机"Y"、△接法错误引起，则应改正接法 ②提高电源电压或换相供电导线 ③消除擦点（调整气隙或锉、车转子），减载，按规定次数控制启动 ④检查并消除转子绕组故障 ⑤恢复三相运行 ⑥清洗电动机，改善环境温度，采用降温措施 ⑦检查并修复风扇，必要时更换 ⑧检查定子绕组，消除故障

【技能训练】

三相异步电动机的拆卸

1. 工具仪表及器材

根据三相笼形异步电动机的技术数据选用工具、仪表及器材，见表 5-3-4。

表 5-3-4　工具、仪表及器材

	工具、仪表及器材
工具	电动机拆装工具 1 套（包括套筒扳手、固定/呆扳手、梅花扳手、活动扳手、三爪、铁锤、铜棒等）、电工常用工具 1 套（包括一字螺丝刀、十字螺丝刀、钢丝钳、尖嘴钳、电烙铁、电工刀、剪刀等）
仪表	ZC25-3 型兆欧表、MF47 型万用表
器材	煤油若干、柴油若干、棉布、棉纱、棉线若干

2. 拆卸步骤

（1）先拆下电动机接线盒内的外部接线，并做好标记。

例如，对于异步电动机做好与三相电源线对应的标记，然后将底脚螺钉松开，把电动机与传动机械分开。电动机接线盒内都有一块接线板，三相绕组的六个线头排成上下两排，并规定下排三个接线柱自左至右排列的编号为 1（U_1）、2（V_1）、3（W_1），上排三个接线柱自左至右排列的编号为 6（W_2）、4（U_2）、5（V_2），将三相绕组接成星形接法或三角形接法。凡制造和维修时均应按这个序号排列。如图5-3-8 所示。

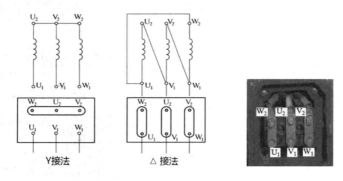

(a) 电动机接线图　　　　　　(b) 电动机接线盒端子排序图

图 5-3-8　电动机端子接线和排序

（2）用拆卸电机的拉具来拆卸电机轴上的带轮或联轴器，并标好皮带轮位置。

有时需要先加一些煤油在带轮的电机轴之间的缝隙中，使之渗透润滑，再用拉具拉出带轮。有的轴和轮配合较紧的，还需要对轮迅速加热（同时用湿布包住转轴），才能将带轮拆下。

（3）拆卸电动机主体，如表5-3-5所示。

表 5-3-5　三相异步电动机主体拆卸步骤

序号	操作步骤	示意图
1	先拆下风扇的罩盖	
2	松开前端盖的紧固螺钉，并在端盖与座外壳的接缝处做好标记（前后两个端盖的标记不应相同）	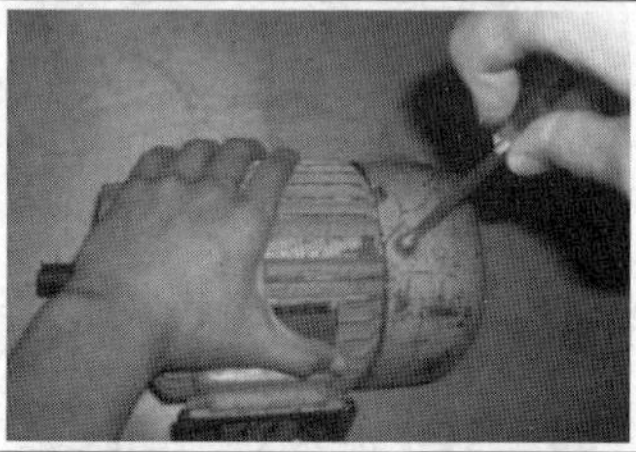
3	用拉具拆下前端盖	
4～5	松开后端盖的紧固螺钉，用拉具拆下后端盖	 

250

续表

序号	操作步骤	示意图
6~7	用木板垫在电动机轴上，用铁锤敲松转子，并将转子取出。抽出转子时，必须注意不要碰伤定子线圈，应在转子下面气隙和绕组端部垫上厚纸板，以免抽出转子时碰伤铁芯和绕组。对于小型电机的转子可直接用手取出，一手握住转轴，把转子拉出一些，随后另一手托住转子铁芯渐渐往外移	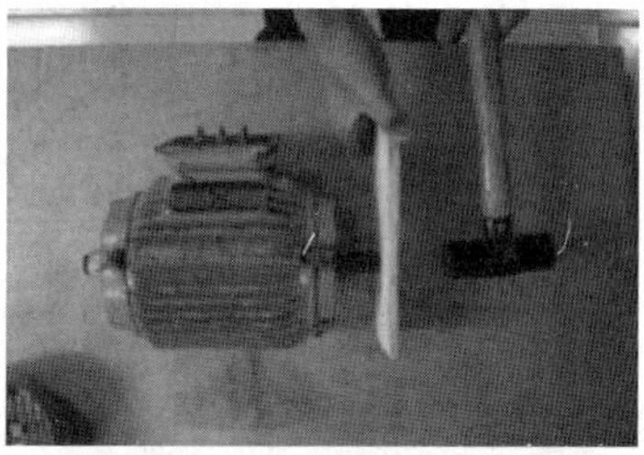 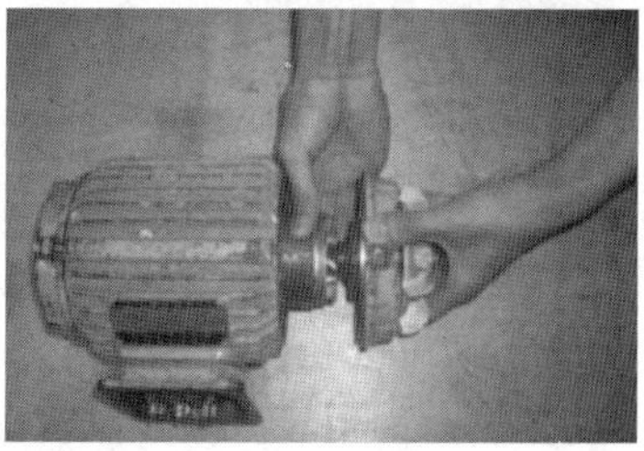
8	拆卸完成后的小型电动机	

　　在拆卸较大的电机时，可两人一起操作，每人抬住转轴的一端，渐渐地把转子往外移，若铁芯较长，有一端不好出力时，可在轴上套一节金属管当作假轴，方便出力。

　　3. 拆机工艺要求

　　（1）拆机过程中，做好各部件的原始记录及标记。

　　（2）检查各机械公差尺寸，电气参数。

　　（3）零配件清洗干净，放置整齐，做好定置位记录

【任务小结】

　　本任务中，我们学习了三相异步电动机的结构与工作原理，了解了三相异步电动机的常见故障及检修方法；通过任务实训，掌握了三相异步电动机的拆卸步骤。

【任务评价】

根据你对本任务的学习和表现情况，填写以下评价表。

表 5-3-6 任务评价表

任务名称			
任务时间		组 号	
小组成员			
检查内容			
咨询			
（1）明确任务学习目标			是 □ 否 □
（2）查阅相关学习资料			是 □ 否 □
计划			
（1）分配工作小组			是 □ 否 □
（2）自学安全操作规程			是 □ 否 □
（3）小组讨论安全、环保、成本等因素，制订学习计划			是 □ 否 □
（4）教师是否已对计划进行指导			是 □ 否 □
实施			
准备工作	（1）正确准备工具、仪表和器材		是 □ 否 □
	（2）正确说出三相异步电动机的结构名称		是 □ 否 □
技能训练	正确拆卸三相异步电动机		是 □ 否 □
安全操作与环保			
（1）工装整洁			是 □ 否 □
（2）遵守劳动纪律，注意培养一丝不苟的敬业精神			是 □ 否 □
（3）注意安全用电，做好设备仪表的保养措施			是 □ 否 □
（4）严格遵守本专业操作规程，符合安全文明生产要求			是 □ 否 □

续表

你在本次任务中有什么收获？
三相异步电动机拆卸要点是什么？你能否举例说明在本次任务中比你表现好的同学，他（她）有什么值得你学习的地方？
组长签名：　　　　　　　　日期：
教师审核：
教师签名：　　　　　　　　日期：

【思考与练习】

（1）三相异步电动机主要有哪些部分组成？各部分的作用是什么？

（2）简述三相异步电动机的工作原理。

（3）你能说一说三相异步电动机的拆卸顺序吗？

（4）三相异步电动的故障有哪几种类型？

任务四　单相异步电动机

【任务导入】

　　在上一个任务中学习了三相异步电动机的结构和工作原理，这为学习单相异步电动机提供了方便（见图5-4-1）。那么，什么是单相异步电动机呢？它与三相异步电动机在结构和工作原理上有什么异同呢？如何拆装单相异步电动机呢？

图 5-4-1　异步电动机

【学习目标】

知识目标:

(1) 了解单相异步电动机的结构特点;

(2) 了解单相异步电动机的工作原理及旋转磁场的产生;

(3) 掌握单相异步电动机的调速方法、正反转控制方法;

(4) 了解单相异步电动机的分类。

技能目标:

(1) 能拆装小型单相异步电动机;

(2) 能进行单相异步电动机的正反转控制的接线。

素质目标:

(1) 培养学生做事认真、仔细,注重细节的习惯;

(2) 培养学生爱护公物和实训设备,摆放东西规范有序的习惯;

(3) 培养学生符合职业岗位要求的素养和团结协作精神。

【知识链接】

一、单相异步电动机结构与工作原理

(一) 单相异步电动机概述

用单相交流电源供电的异步电动机叫作单相异步电动机。单相异步电动机容量比较小,功率一般在 1.5kW 以下,结构与三相异步电动机类似。它具有结构简单、成本低廉、维修方便等特点。由于单相异步电动机只需单相电源供电,因此其主要应用在农业生产和家用电器设备中。例如,农业灌溉、农村小型加工厂、风扇、冰

箱、洗衣机等都用单相异步电动机作动力机械。

单相异步电动机的不足之处是，它与同容量的三相异步电动机相比较，具有体积较大、运行性能较差、效率较低等特点。因此，这种电动机一般只制成小型和微型系列，容量在几十瓦到几百瓦之间，千瓦级的较少见。

（二）单相异步电动机的基本结构

分相式单相异步电动机主要由定子、转子和其他附属结构组成，如图 5-4-2 所示。

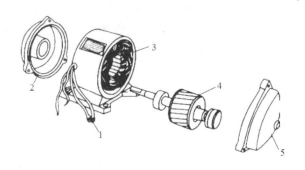

1—电源接线　　2、5—端盖　　3—定子　　4—转子

图 5-4-2　单相异步电动机的结构

1. 定子

定子由定子铁芯、定子绕组、机座、端盖等部分组成，其主要作用是通入交流电，产生旋转磁场。

（1）定子铁芯。单相异步电动机定子绕组一般都采用两相绕组的形式，即工作绕组和启动绕组。工作绕组和启动绕组的轴线在空间上相差 90 度电角度，两相绕组的槽数和绕组匝数可以相同，也可以不同，视不同种类的电动机而定。定子绕组的作用是通入交流电，在定转子及空气隙中形成旋转磁场。

（2）机座与端盖。机座一般用铸铁、铸铝或钢板制成，其作用是固定定子铁芯，并借助两端的端盖与转子连成一个整体，使转轴上输出机械能。单相异步电动机的机座通常有开启式、防护式和封闭式三种。对于开启式结构和防护式结构，其定子铁芯和绕组外露，由周围空气直接通风冷却，多用于与整机装成一体的场合，如图 5-4-3 所示的电容运行台扇电动机的结构。封闭式结构则是整个电动机均采用密闭方式，电动机内部与外界完全隔绝，以防止外界水滴、灰尘等浸入，如图 5-4-4所示。

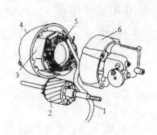
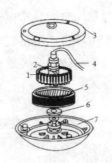

1—导线　　2—转子　　3—定子铁芯　　　　1—定子铁芯　2—定子绕组 3—上端盖

4—前端盖　　5—定子绕组　6—后端盖　　　　4—导线　5—外转子　6—挡油罩　7—下端盖

图 5-4-3　电容运行台扇电动机的结构　　**图 5-4-4　电容运行吊扇电动机的结构**

2. 转子

转子由转子铁芯、转子绕组、转轴等组成，其作用是导体切割旋转磁场，产生电磁转矩，拖动机械负载工作。

（1）转子铁芯。转子铁芯与定子铁芯一样用 0.35 mm 厚的硅钢片冲槽后叠压而成，槽内置放转子绕组，最后将铁芯及绕组整体压入转轴。

（2）转子绕组。单相异步电动机的转子绕组均采用鼠笼形结构，一般均用铝或铝合金压力铸造而成。

（3）转轴。转轴用碳钢或合金钢加工而成，轴上压装转子铁芯，两端压上轴承，常用的有滚动轴承和含油滑动轴承。

（三）单相异步电动机铭牌

同三相异步电动机一样，在单相异步电动机机座上均装有铭牌，铭牌上注明了该单相电动机的主要技术数据，供选择、安装和正确使用电动机时参考。以表 5-4-1 为例对单相异步电动机的铭牌数据进行说明。

表 5-4-1　单相异步电动机铭牌数据

单相异步电动机			
型号	D02—6314	电流	0.94A
电压	220V	转速	1400r/min
频率	50HZ	工作方式	连续
功率	90W	标准号	
××电机厂			

256

1. 型号

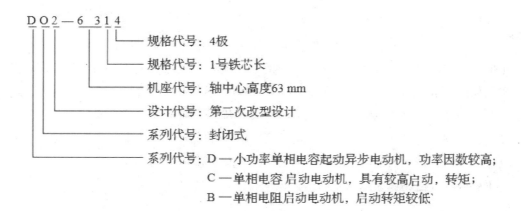

2. 电压

电压是指电动机在额定状态下运行时加在定子绕组上的电压，单位为 V。根据国家规定，电源电压在范围内变动时，电动机应能正常工作。我国单相异步电动机的标准电压有 12V、24V、36V、42V 和 220V。

3. 频率

频率是指加在电动机上的交流电源的频率，单位为 Hz。由单相异步电动机的工作原理可知，电动机的转速与交流电源的频率直接相关，频率高，转速高，因此电动机应接在规定频率的电源上使用。

4. 功率

功率是指单相异步电动机轴上输出的机械功率，单位为 W。铭牌上的功率是指电动机在额定电压、额定频率和额定转速下运行时输出的功率，即额定功率。我国常用的单相异步电动机的标准额定功率有 6W、10W、16W、25W、40W、60W、90W、120W、180W、250W、370W、550W 和 750W。

5. 电流

在额定电压、额定功率和额定转速下运行的电动机，流过定子绕组的电流值，称为额定电流，单位为 A。电动机在长期运行时电流不允许超过该值。

6. 转速

电动机在额定状态下的转速称为额定转速，单位为 r/min。每台电动机在额定运行时的实际转速与铭牌规定的额定转速有一定的偏差。

7. 工作方式

工作方式是指电动机的工作是连续式还是间断式。连续运行的电动机可以间断工作，但间断运行的电动机不能连续工作，否则会烧坏电动机。

（四）单相异步电动机的工作原理

1. 单相绕组的脉动磁场

如图 5-4-5（a）所示，在单相定子绕组通入单相交流电后，假设在单相交流电的正半周期时，电流从单相定子绕组的左侧流入，从右侧流出，则由电流产生的磁场如图 5-4-5（b）所示，该磁场大小随电流的大小而变化，方向则保持不变。当电流为零时，磁场也为零。当电流变为负半周时，则产生的磁场方向也随之发生变化，如图 5-4-5（c）所示。由此可见，单相异步电动机的定子主绕组接通单相交流电源后，产生的磁场大小和方向在不断变化，但磁场的轴线（图中纵轴）却固定不变，这种磁场称为脉动磁场。

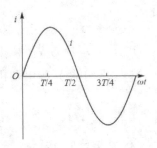 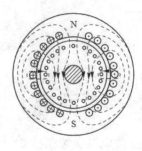 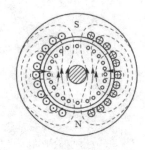

（a）交流电流波形　　（b）电流正半周产生的磁场　　（c）电流负半周产生的磁场

图 5-4-5　单相脉动磁场的产生

由于只是脉动磁场而非旋转磁场，若单相异步电动机的转子静止不动，则在脉动磁场作用下，转子导体因与磁场之间没有相对运动，而不产生感应电动势和电流，也就不存在电磁力，因此转子仍然静止不动，即单相异步电动机没有启动转矩，不能自行启动，这是单相异步电动机的一个缺点。若用外力去拨动一下电动机的转子，则转子导体就会切割磁场，从而启动电动机。

2. 两相绕组的旋转磁场

如图 5-4-6（a）所示，在单相异步电动机定子上放置在空间上相差 90° 的两相定子绕组 U1U2 和 Z1Z2，向这两相绕组中通入相位上相差 90° 的两相交流电 i_Z 和 i_U，如图 5-4-6（b）所示。采用任务三中分析三相异步电动机旋转磁场产生的方法，可知此时产生的也是旋转磁场。由此可得出结论：向在空间相差 90° 的两相定子绕组中通入在时间上相差一定角度的两相交流电，则其合成磁场也是沿着定子和转子气隙旋转的旋转磁场。

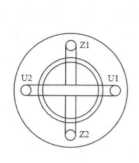
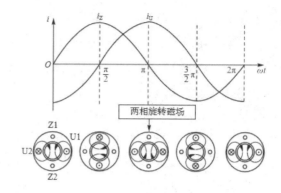

（a）两相定子绕组　　　　　（b）电流波形及两相旋转磁场

图 5-4-6　两相旋转磁场的产生

二、单相异步电动机的运行

（一）单相异步电动机的调速

单相异步电动机的调速原理与三相异步电动机相同，可以采用改变电源频率、改变电源电压和改变绕组的磁对极数等方法，当前使用最多的是改变电源电压调速。常用的调压调速又分为串联电抗器调速、串联电容器调速、绕组抽头法调速、晶闸管法调速等。

1. 串联电抗器调速

如图 5-4-7 所示为串联电抗器调速。在电动机电源电路中串联起分压作用的电抗器，通过调速开关选择电抗器绕组的匝数来调节电抗值，从而改变电动机两端的电压，达到调速的目的。串联电抗器调速的优点是结构简单、调节方便，缺点是调速器体积大、成本高，工作时有发热损耗。

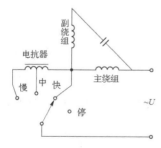
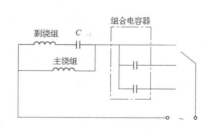

图 5-4-7　单相异步电动机串联电抗器调速　　**图 5-4-8　单相异步电动机串联电容器调速**

2. 串联电容器调速

如图 5-4-8 所示为单相异步电动机串联电容调速。串联电容器调速和串联电抗器调速的原理是一样的，都是通过调节电机的实际输入电压来改变电机转速。

3. 绕组抽头法调速

如图 5-4-9 所示，将电抗器和电机绕组结合在一起，在电动机定子铁芯上嵌入一个中间绕组（调速绕组），通过调速开关改变调速绕组的接线方式，可以达到调速的目的。

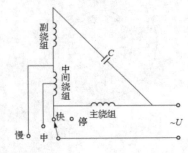

图 5-4-9 单相异步电动机
抽头法调速

抽头法调速与串联电抗器调速相比较，采用抽头调速省材料、耗电少，但绕组嵌线和接线比较麻烦。

4. 晶闸管调速

可以利用改变晶闸管的导通角，来实现加在单相异步电动机上的交流电压的大小，从而达到调节电动机转速的目的。图 5-4-10（a）是晶闸管调速的原理图，图 5-4-10（b）是波形图。这种方法可以实现无级调速，能量损耗极低，缺点是会产生一定的电磁干扰。

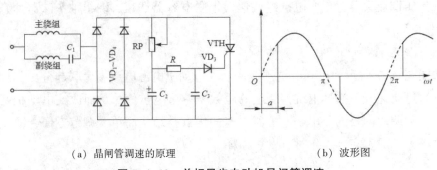

（a）晶闸管调速的原理　　　　　　　　　　（b）波形图

图 5-4-10 单相异步电动机晶闸管调速

（二）单相异步电动机的反转

单相异步电动机若要反转，必须要改变旋转磁场旋转方向。如图 5-4-3 及图 5-4-4 所示的单相异步电动机的工作原理，分析改变单相异步电动机旋转磁场旋转方向，总结方法如下：

1. 将副线圈头尾对调

实践证明，将副线圈头尾对调后，旋转磁场的旋转方向也改变了，单相异步电动机的转动方向会发生改变，这种方法应用最为广泛。

260

2. 将主线圈头尾对调

将主线圈头尾对调也能改变电机的旋转方向。这种方法也常用。

3. 将主副线圈对调

将主线圈变成副线圈，副线圈变成主线圈。在实际操作中，把电容器从副线圈改接到主线圈上即可。这种改变方法要求单相异步电动机的主副线圈完全相同，也即主副线圈的线径、匝数、在电机中的分布规律完全相同。由于所受的限制条件，这种方式很少用。最常见的洗衣机电机，就是采用这种方式实现正反转。如图 5-4-11 所示。

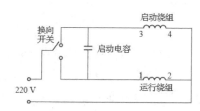

图 5-4-11 家用洗衣机电机正反转控制电路

【技能训练】

单相异步电动机拆装

（一）工具仪表及器材

（1）工具：钢丝钳、尖嘴钳、螺丝刀、扳手、镊子、三爪拉具等。
（2）仪表：数字万用表（可测电容容量）、兆欧表、钳表。
（3）器材：YL 型单相异步电动机一台。

（二）训练内容

（1）单相异步电动机的拆卸。
（2）单相异步电动机的装配。

（三）训练步骤

1. 单相异步电动机的拆卸

在拆卸单相异步电动机时，要注意所有的端线都要做标记，以免在装配时弄错，一般采用线码管标注。另外，端盖、联轴器等也要做标记，以免装配时左右装反或方位不对。总之，在拆装电机时要保证端线、端盖、联轴器等特殊部位和原机一样。

单相异步电动机的拆卸步骤为拆开端线接头及接地线→拆卸带轮或联轴器→拆卸风扇罩及风扇→拆卸端盖→抽出转子→拆卸轴承。重点介绍下拆卸端盖和轴承。

（1）拆卸端盖

拆卸前，先将端盖与电机外壳的连接处做好标记，一般用油漆或大头笔。拆卸端盖上三个螺丝时要按顺序逐渐松动，切不可把一个螺丝完全拆下后再拆第二个。拆下端盖时一般用铜棒对称敲打或用三爪拉力器拆卸，力度和速度要适当，以免损坏端盖。

（2）拆卸轴承

拆卸轴承应选用适宜的三爪拉力器。应拉轴承的内圈，不能拉外圈。拆下轴承后用镊子拆下轴承上的塑封盖，用柴油或双氧水浸泡、清洗。观看滚珠是否磨损、卡簧是否断裂变形，内外圈之间是否松动严重。如果有上述情况就应更换轴承。如果没有上述情况或观察轴承状况良好，则加上润滑脂，盖上塑封，可以继续使用。注意更换轴承时是成对更换的，不可只换其中的一个。

拆卸完电机后要做一些记录和分析。如滚动轴承的代号，查相关资料了解代号的含义；确定定子和转子的槽数，了解转子结构及理解转子衬条为什么要斜装；观察定子绕组分布规律，分析定子绕组的节距和极距；观察启动电容和运转电容的容量值，分析为什么它们差别这么大；观察离心开关的结构，分析其工作原理。

2. 单相异步电动机的装配

（1）吹除电机内部的灰尘，清除油污和锈迹。

（2）装配单相异步电动机的步骤与拆卸相反，装配时要按标记将各部位完全复位，特别是转子不能装反。重点检查转轴是否灵活转动，各接线端有没有接错线。

（3）轴承装配可采用热套法和冷装配法。

单相异步电动机拆装注意事项：

（1）对 YL 型双值电容单相异步电动机拆装时要注意两个电容不能混淆，对接线端要做好标记，以便装配时复原。

（2）拆装电机转子时要小心，不要碰坏绕组，装配完成后要用万用表检测绕组通路，用兆欧表检测绕组绝缘情况。

（3）拆装过程中不能用铁锤直接敲打零件，应辅助以铜棒、铝棒或硬木棒对称均匀敲打。

（4）用热套法装轴承时，一般用变压器油煮热，不能用水煮，更不能用汽油、柴油等易燃液体煮，也不能用火直接烧热。一般加热温度控制在 100℃ 左右。

（5）工作场地要清理干净，各种液体不要随便乱倒，要分类集中收集。

【任务小结】

本任务中，我们主要学习了单相异步电动机的类型、结构特点、工作原理以及调速应用等知识，通过技能训练，进一步掌握单相异步电动机的结构特点和装配方法。

【任务评价】

根据你对本任务的学习和表现情况，填写以下评价表。

表 5-4-2 任务评价表

任务名称			
任务时间		组 号	
小组成员			
检查内容			
咨询			
（1）明确任务学习目标			是 □ 否 □
（2）查阅相关学习资料			是 □ 否 □
计划			
（1）分配工作小组			是 □ 否 □
（2）自学安全操作规程			是 □ 否 □
（3）小组讨论安全、环保、成本等因素，制订学习计划			是 □ 否 □
（4）教师是否已对计划进行指导			是 □ 否 □
实施			
准备工作	（1）正确准备工具、仪表和器材		是 □ 否 □
	（2）正确说出单相异步电动机的结构名称		是 □ 否 □
技能训练	正确拆卸单相异步电动机		是 □ 否 □
安全操作与环保			
（1）工装整洁			是 □ 否 □
（2）遵守劳动纪律，注意培养一丝不苟的敬业精神			是 □ 否 □

续表

（3）注意安全用电，做好设备仪表的保养措施	是 □ 否 □
（4）严格遵守本专业操作规程，符合安全文明生产要求	是 □ 否 □

你在本次任务中有什么收获？

单相异步电动机拆卸要点是什么？你能否举例说明在本次任务中比你表现好的同学，他（她）有什么值得你学习的地方？

组长签名：　　　　　　　　　　　　日期：

教师审核：

教师签名：　　　　　　　　　　　　日期：

【思考与练习】

（1）什么是单相异步电动机？单相异步电动机的基本结构有哪些？

（2）你能说一说单相异步电动机的旋转磁场是如何产生的吗？

（3）单相异步电动机的调速方式有哪几种？常用的调速方法有哪些？

（4）单相异步电动机实现反转的方法有哪些？

（5）分相式单相异步电动机分为哪几类种？你能画出每种电机的原理图吗？

任务五　直流电动机

【任务导入】

什么是直流电动机？相比交流电动机，直流电动机的优点有哪些？直流电动机在结构上与交流电动机有何不同？常见的直流电动机有哪些？它们是通过什么原理工作的（见图 5-5-1）？

图 5-5-1　直流电动机

【学习目标】

知识目标：

（1）了解直流电动机的优点和分类方法；

（2）了解直流电动机的结构和工作原理；

（3）了解各类型直流电动机的原理及应用。

技能目标：

能熟练拆装直流电动机。

素质目标：

（1）培养学生做事认真、仔细，注重细节的习惯；

（2）培养学生爱护公物和实训设备，摆放东西规范有序的习惯；

（3）培养学生符合职业岗位要求的素养和团结协作精神。

【知识链接】

直流电动机是一种能将电能转换成机械能的设备。在结构上与直流发电机没有差别，一台直流电动机也可做直流发电机运行。与交流电动机相比而言，直流电动机具有良好的启动性能和调速性能，广泛应用于对调速性能要求较高的机械设备上，如矿井卷扬机、挖掘机、大型机床、电力机车、船舶推进器、纺织及造纸机械等。

一、直流电动机的结构、工作原理及分类

（一）直流电动机的结构

如图 5-5-2 所示为直流电动机的结构图。直流电机由定子（固定不动）与转子（旋转）两大部分组成，定子与转子之间有空隙，称为气隙。

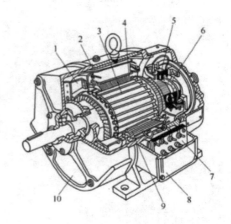

（a）实物图　　　　　　　　　　　　（b）结构图

1—风扇　2—机座　3—电枢　4—主磁极　5—刷架

6—换向器　7—接线板　8—出线盒　9—换向极　10—端盖

图 5-5-2　直流电动机外形与结构

1. 定子部分

定子部分由机座、主磁极、换向极、电刷装置、端盖等组成。

（1）机座。机座由铸钢件或钢板焊接而成，用来安装主磁极换向极，并通过端盖支撑转子部分。它的另一个作用是作为主磁极的一部分，让励磁磁通经过，因此要求机座除了有一定的机械强度外，还要有良好的导磁性能。

（2）主磁极。主磁极的作用是产生气隙磁场，由主磁极铁芯和主磁极绕组（励磁绕组）构成，如图 5-5-3 所示。

主磁极铁芯一般由 1.0 ~ 1.5mm 厚的低碳钢板冲片叠压而成，包括极身和极靴两部分。极靴做成圆弧形，以使磁极下气隙磁通较均匀。极身上面套有励磁绕组，绕组中通入直流电流。整个磁极用螺钉固定在机座上。

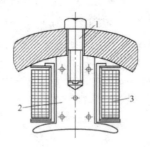

1—固定主磁极的螺钉　2—主磁极铁芯　3—励磁绕组

图 5-5-3　主磁极

266

（3）换向极。换向极由换向极铁芯和换向磁极绕组组成，位于两个主磁极之间，其作用是产生换向磁场，改善电动机的换向，减少电刷与换向片之间的火花。如图5-5-4所示。

换向极铁芯一般用整块的钢板制成，但在功率较大的大型电动机中，换向磁极铁芯也采用硅钢片叠片结构。换向磁极绕组应与电枢绕组串联，主磁极与换向磁极极性顺着电枢转动方向依次分别为 N，N′，S，S′，N，N′，S，S′，如图5-5-5所示。

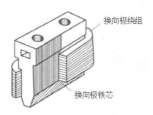

图5-5-4　换向极

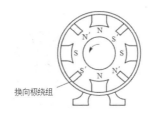

图5-5-5　换向磁极分布

（4）电刷装置。电刷装置由电刷、刷握、刷杆和压力弹簧等组成，如图5-5-6所示。它的作用是连接转动的电枢和静止的外部电路。电刷是用石墨等做成的导电块，放置在刷握内，被弹簧压紧在换向器上形成滑动接触。容量大的电动机，同一刷杆上可并接一组刷握和电刷组成电刷组。一般刷杆数与主磁极数相等，并在换向器表面对称分布，同极性的刷杆用导线连在一起，再引到出线盒。整个电刷装置可以移动，以便调整电刷的位置。

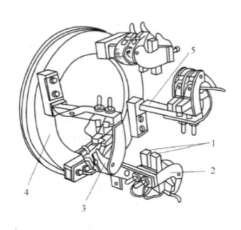

1—电刷　2—刷握　3—弹簧压板　4—座圈　5—刷杆

图5-5-6　电刷装置

（5）端盖。端盖是装在电机座两端，用来保护电机内部，并支撑轴承和固定刷架。

2. 转子部分

转子部分由电枢铁芯、电枢绕组、换向器、转轴、风扇等组成。

（1）电枢铁芯。电枢是磁路的一部分，用来嵌放电枢绕组。电机在运行时，电枢与气隙磁场有相对运动，铁芯中会产生感应电动势而出现涡流和磁滞损耗，因此，为减少损耗，电枢铁芯常用厚度为 0.5mm，表面由绝缘层的圆形硅钢冲片叠压而成，如图 5-5-7 所示。

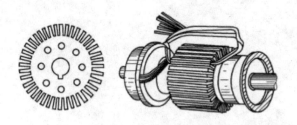

图 5-5-7　电枢铁芯结构

（2）电枢绕组。电枢绕组是直流电动机电路的主要部分，它的作用是产生感应电动势和流过电流而产生电磁转矩实现机电能量转换。电枢绕组由许多个绕组元件（线圈）按一定的规律连接而成，嵌放在电枢铁芯槽内，每个元件有两个出线端，分别接到两个换向片上。

（3）换向器。在直流电动机中，换向器的作用是将电刷上的直流电流转换为绕组内的交流电流；在直流发电机中，它将绕组内的交流电动势转换为电刷端的直流电动势。

换向器由许多梯形铜片组装成一个圆柱体，片与片之间用云母片隔开，所有换向片与转轴也是绝缘的。如图 5-5-8 所示。

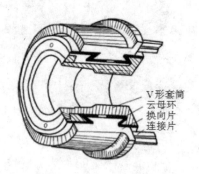

图 5-5-8　换向器

（二）直流电动机的分类

根据主磁场的不同，直流电动机一般可分为两大类：一类由永磁铁作为主磁极，另一类是给主磁极绕组通入直流电产生主磁场。后一类根据励磁方式的不同，可分为他励电动机和自励电动机，其中自励电动机包括并励电动机、串励电动机和复励电动机。

1. 永磁直流电动机

永磁直流电动机的主磁极由永磁材料制作而成，如图5-5-9所示。它具有体积小、结构简单、重量轻、效率高、温升低和可靠性高等优点，目前永磁电动机的功率已由毫瓦级发展到100kW以上。

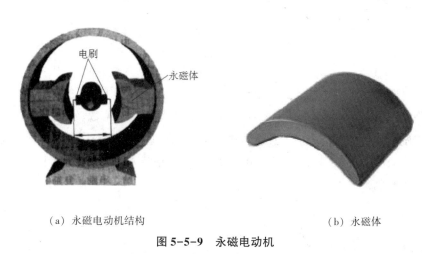

（a）永磁电动机结构　　　　　　　　　　（b）永磁体

图 5-5-9　永磁电动机

2. 他励直流电动机

他励直流电动机的励磁绕组是由独立的直流电源供电，如图5-5-10所示。它的励磁电流仅取决于励磁电源的电压和励磁回路的电阻，与电枢端电压无关。电枢电流 Ia 等于输入电流 I：Ia＝I。

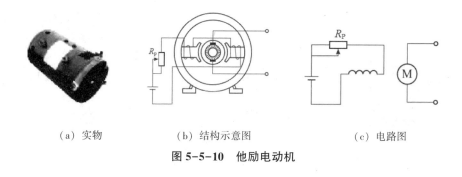

（a）实物　　　　　（b）结构示意图　　　　　（c）电路图

图 5-5-10　他励电动机

3. 自励直流电动机

（1）并励电动机。并励电动机的励磁绕组与电枢绕组并联，由于并励绕组承受着电枢两端的全部电压，其值较高。为了减小绕组的铜损耗，并励绕组的匝数较多，用较细的导线绕成。如图 5-5-11 所示。并励直流电动机的电枢电流 I_a、输入电流 I 和励磁电流 I_f 之间的关系为：$I_a = I - I_f$。

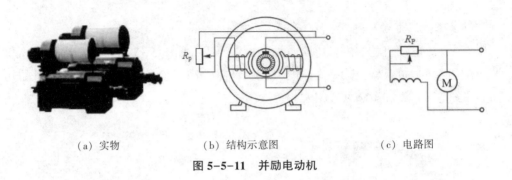

（a）实物　　　　（b）结构示意图　　　　（c）电路图

图 5-5-11　并励电动机

（2）串励电动机。串励电动机的励磁绕组与电枢绕组串联。为了减小串励绕组的电压降及铜损耗，串励绕组用截面较大的导线绕成，且匝数较少，如图 5-5-12 所示。串励电动机的电枢电流 I_a、输入电流 I、励磁电流 I_f 相等，即：$I_a = I = I_f$

（3）复励电动机。复励电动机的磁极上有两个励磁绕组，一个与电枢绕组并联，另一个与电枢绕组串联，如图 5-5-13 所示。

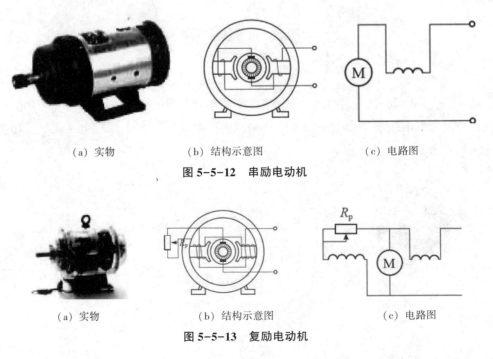

（a）实物　　　　（b）结构示意图　　　　（c）电路图

图 5-5-12　串励电动机

（a）实物　　　　（b）结构示意图　　　　（c）电路图

图 5-5-13　复励电动机

270

（三）直流电动机的铭牌数据

在直流电动机的外壳上都有一块铭牌，它标明了直流电动机的型号和在正常运行时的额定数据，指出电动机的使用条件和要求。以表5-5-1为例进行说明。

表5-5-1　直流电动机的铭牌数据

直流电动机		
型号 Z4-200-21	功率 75kW	电压 440V
电流 188A	额定转速 1500r/min	励磁方式：他励
励磁功率 1170W		
绝缘等级 F	额定 S1	重量 515kg
×××电机厂		

直流电动机型号含义如下：

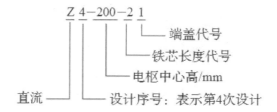

二、直流电动机的运行

（一）直流电动机的启动

直流电动机由静止状态加速达到正常运转状态的过程，称为启动过程。

1. 启动条件

直流电动机在启动瞬间，转速 n = 0，因而反电动势 $E_a = 0$，此时电枢电流 I_a 为

$$I_a = \frac{U - E_a}{R_a} = \frac{U}{R_a} = I_{st}$$

式中，U——电枢绕组两端的电压；

　　　R_a——电枢绕组的电阻；

　　　I_{st}——直流电动机启动时的电枢电流，称为启动电流。

由于电枢绕组的电阻 R_a 很小，故启动电流 I_{st} 必然很大，通常可达到额定电流的 10~20 倍。由于启动电流太大会引起电动机的换向困难，并且使得供电线路的压降很大。因此，除小容量电动机外，直流电动机一般不允许直接启动，而必须采取适当的措施限制启动电流。

直流电动机启动的条件为：①启动转矩 T_{st} 足够大；②启动电流 I_{st} 足够小；③启动设备简单且可靠。

2. 启动方法

直流电动机常用的启动方法有直接启动（全压启动）、电枢串电阻启动以及降压启动三种。不论采用哪种方法，启动时都应该保证电动机的磁通达到最大值，从而保证产生足够大的启动转矩。

（1）直接启动。不采取任何限流措施，直接加额定电压的启动称直接启动。直接启动的优点：启动转矩很大，不需另加启动设备，操作简便。

缺点：启动电流很大，一般可达额定的 10~20 倍；换向情况恶化，产生严重的火花，损坏换向器；过大转矩将损坏拖动系统的传动机构。因此在启动时，除低压、小容量外，一般不容许直接启动。必须设法限制电枢电流。

（2）电枢回路串电阻启动。启动时在电枢回路中接入启动电阻 R_{st} 进行限流，电动机加上额定电压，R_{st} 的数值应使 I_{st} 不大于允许值。为使电动机转速能均匀上升，启动后应把与电枢串联的电阻平滑均匀切除。但这样做比较困难，实际中只能将电阻分段切除，通常利用接触器的触点来分段短接启动电阻。由于每段电阻的切除都需要有一个接触器控制，因此启动级数不宜过多，一般为 2~5 级。

在启动过程中，通常限制最大启动电流 I_{st1} = （1.5~2.5）I_N；I_{st2} = （1.1~1.2）I_N，并尽量在切除电阻时，使启动电流能从 I_{st2} 回升到 I_{st1}。如图 5-5-14 所示为他励直流电动机串电阻三级启动时的机械特性曲线。

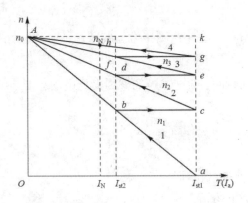

图 5-5-14 直流电动机串电阻三级启动时的机械特性

启动时依次切除启动电阻 R_{st1}、R_{st2}、R_{st3}，相应的电动机工作点 从 a 点到 b 点、c 点、d 点……最后稳定在 h 点运行，启动结束。

（3）降压启动。降压启动只能在电动机有专用电源时才能采用。启动时，通过降低电枢电压来达到限制启动电流的目的。为保证足够大的启动转矩，应保持磁通不变，待电动机启动后，随着转速的上升、反电动势的增加，再逐步提高其电枢电压，直至将电压恢复到额定值，电动机在全压下稳定运行。降压启动虽然需要专用电源，设备投资大，但它启动电流小，升速平滑，并且启动过程中能量消耗也较少，因而得到广泛应用。

（二）直流电动机的反转

在有些电力拖动设备中，由于生产的需要，常常需要改变电动机的转向。电动机中的电磁转矩是动力转矩，因此改变电磁转矩 T 的方向就能改变电动机的转向。根据公式 $T=CT\Phi I_a$ 可知，只要改变磁通 Φ 或电枢电流 I_a 这两个量中一个量的方向，就能改变 T 的方向。因此，直流电动机的反转方法有两种：一种是改变磁通 Φ 的方向，另一种是改变电枢电流 I_a 的方向。由于磁滞及励磁回路电感等原因，反向磁场的建立过程缓慢，反转过程不能很快实现，故一般多采用后一种方法。

（三）直流电动机的调速

1. 直流电动机的调速方法

直流电动机的调速具有调速范围宽，可无级调速，精度高，额定负载与空载下转速变化小，机械特性硬，动态性能好，启、制动快，超调、振荡小，抗干扰（负载、电源干扰）能力强，动态速降小，恢复时间短等特点。直流电动机调速公式为

$$n \approx \frac{U_a - R_a I_a}{C_e \Phi}$$

式中，U_a——电枢绕组两端的电压，V；

C_e——电动势常数，与电动机结构有关；

Φ——电机励磁磁通，W_b；

R_a——电枢绕组的电阻，Ω；

I_a——电枢绕组的电流，A。

由上式可以看出，他励直流电机的调速方法有三种：改变电枢电阻 R_a，即串电阻调速；改变电枢电压 U_a；减弱电机励磁磁通 Φ。

（1）电枢串电阻调速。如图 5-5-15 所示，电枢串电阻调速就是在电枢回路中

273

串联附加电阻。

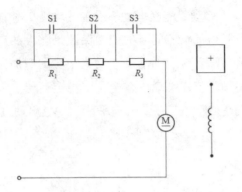

图 5-5-15　串电阻调速

当开关 S1、S2 和 S3 断开时，电枢回路总电阻为 $R_\Sigma = R_a + R_1 + R_2 + R_3$；当开关 S1、S2 和 S3 闭合时，分别短接 R_1、R_2 和 R_3，此时电路中只剩下电枢电阻。这种调速原理实际上是利用电枢电流 I_a 在电阻上的压降不同，使得转速降 Δn 不同，从而得到不同的转速。

$$\Delta n = \frac{R_\Sigma I_a}{C_e \Phi}$$

直流电机的调速最早采用这种调速方法，一般由继电器—接触器控制电阻的接入或短接。其优点是设计、安装、调整方便，设备简单，并且投资少；缺点是随着串联电阻的增大，其机械特性变软，电阻上能耗大。由于这种调速方法的电路简单，运行可靠，目前仍然应用于一些生产机械上。

（2）改变电枢电压调速。改变电枢电压可以得到不同的空载转速，而转速降是不受影响的。其机械特性只是上下移动，即电机的机械特性硬度不变，使得改变电压调速具有更宽的调速范围，速度调节的平滑性和经济性也较好。因此改变电枢电压调速得到了广泛应用。

（3）减弱电机励磁磁通调速。改变电机的励磁电压，即可改变励磁电流，从而改变励磁磁通。实际应用中只是减弱励磁磁通来升速，这是由于电动机磁通在额定值时，其铁芯已接近饱和，增磁的余量很小，

因此把这种调速方法称之为弱磁升速，其公式为

$$n \approx \frac{U_a - R_a I_a}{C_e \Phi}$$

可见，减小 Φ 使理想空载转速 n_0 和转速降 Δn 均增加，电机转速升高。减弱磁通使电机的电磁转矩 $T_a = C_M\Phi I_a$ 不变，必将导致电枢电流增大，电枢电流的增大又将导致转速降增大，即机械特性变软。改变磁通调速法调速范围不大，一般只在额定转速以上调速时才应用，其优点是调速在功率较小的励磁回路进行，控制方便，能耗也比较小，实际中通常和弱磁升速和降压调速配合使用。

2. 调速的性能指标

（1）调速范围 D。电动机的调速范围是指在额定负载下，电动机的最高转速 n_{max} 和最低转速 n_{min} 之比，用 D 表示。对负载很轻的生产机械，可用实际负载下的最高与最低转速来计算，调速范围 D 为

$$D = \frac{n_{max}}{n_{min}} = \frac{v_{max}}{v_{min}}$$

表 5-5-2 为不同生产机械要求的调速范围。

表 5-5-2　不同生产机械要求的调速范围

生产机械类型	调速范围 D
车床	20~120
龙门刨床	10~40
机床的进给机构	5~200
轧钢机	3~120
造纸机	3~20

（2）静差率 δ。静差率是指电动机在一定转速下运行时，负载由理想空载变到额定值时所产生的转速降落 Δn 与理想空载转速 n_0 之比，用 δ 来表示。静差率也称转速变化率，表明负载变化引起转速变化的大小程度。

静差率与调速范围是互相联系的两项指标，系统可能达到的最低速 n_{min} 取决于低速特性的静差率，所以，系统的静差率应该是最低速时的静差率。假设电机的理想空载转速为 n_0，电机额定转速为 n_N（最高转速），额定速降为 Δn_N。则该电机的静差率 δ、调速范围 D 和额定速降 Δn_N 三者的关系为

$$\delta = \frac{n_0 - n_N}{n_0} = \frac{\Delta n_N}{n_0}$$

$$D = \frac{n_{max}}{n_{min}} = \frac{n_N}{n_0 - \Delta n_N} = \frac{n_N}{n_0 \left(1 - \frac{\Delta n_N}{n_0}\right)} = \frac{n_N}{\frac{\Delta n_N}{\delta}(1-\delta)} = \frac{n_N \delta}{\Delta n_N (1-\delta)}$$

$$\Delta n_N = \frac{n_N \delta}{D(1-\delta)}$$

由上式可知，若静差率 δ 越小，系统能够允许的调速范围 D 也越小。因此，一个调速系统的调速范围，是指在最低速并且满足所需静差率时的转速可调范围。

【例】某直流调速系统电动机额定转速为，额定速降 $\Delta n_N = 115 r/min$，当要求静差率 $\delta \leqslant 30\%$ 时，允许多大的调速范围？如果要求静差率 $\delta \leqslant 20\%$，则调速范围是多少？如果希望调速范围达到 10，所能满足的静差率是多少？

解：要求 $\delta \leqslant 30\%$ 时，根据式

$$D = \frac{n_N \delta}{\Delta n_N (1-\delta)} = \frac{1430 \times 0.3}{115 \times (1-0.3)} = 5.3$$

可得调速范围为 5.3。

若要求 $\delta \leqslant 20\%$，则调速范围只有：

$$D = \frac{1430 \times 0.2}{115 \times (1-0.2)} = 3.1$$

若调速范围达到 10，静差率为：

$$\delta = \frac{D \Delta n_N}{n_N + D \Delta n_N} = \frac{10 \times 115}{1430 + 10 \times 115} = 0.446 = 44.6\%$$

（3）调速的平滑性。电动机调速的级数越多则认为调速越平滑，用平滑系数 φ，即相邻两级转速后线速度（n_1、n_{i-1}）之比衡量。

$$\varphi = \frac{n_i}{n_{i-1}}$$

当 $\varphi = 1$ 时称为无级调速，此时转速连续可调。

（4）调速时的容许输出。容许输出指的是调速运行中在额定电流状态下，电动机轴上输出转矩与输出功率。

三、直流电动机的常见故障及排除方法

直流电机常见故障、原因分析及解决办法见表 5-5-3。

276

表 5-5-3 直流电机常见故障、原因分析及解决办法

故障现象	造成故障的可能原因	解决办法
无法启动	电源电路不通	检查线路是否完好，启动器连接是否准确，熔断器是否熔断
	启动时过载	减小负载
	励磁回路断开	检查变阻器及磁场绕组是否断路，更换绕组
	启动电流太小	检查所用启动器是否合适
	电枢绕组接地、短路、断路	参照本任务技能训练部分检修办法
电刷火花过大	电刷与换向器接触不良	研磨电刷接触面，并在轻载下运行30~60min
	电刷压力大小不当或不均匀	用弹簧秤校正电刷压力，使其为 12~17kPa
	刷握松动或安装位置不正确	紧固或纠正刷握装置
	换向器表面不光洁，有污垢	清洁或研磨换向器表面
	电刷与刷握配合不当（太紧）	略微磨小电刷尺寸
	换向器片间云母凸出	将换向器刻槽、倒角、再研磨
	电刷磨损过量	更换新电刷
	电机长期过载	恢复正常负载
	换向极绕组部分短路	检查换向极绕组，修理绝缘损坏处
	电枢绕组短路	查找短路部位，进行修复
	换向极绕组接反	检查换向极的极性，加以纠正
励磁绕组过热	并励绕组部分短路	查找短路部分，进行修复
	电动机端电压过高	恢复电压至额定值
	电动机转速太低	提高转速至额定值
电动机转速不正常	电压过高	检查磁场绕组与启动器连接是否良好，是否接触，磁场绕组或调速器内是否短路
	串励电动机轻载或空载运行	增加负载
	电枢绕组短路或串励绕组接反	纠正
	并励绕组极性接错	纠正
	电刷不在正常位置	按所刻记号调整刷杆座位置
	磁场回路电阻过大	检查磁场变阻器和励磁电阻，并检查接触是否良好

故障现象	造成故障的可能原因	解决办法
电机振动	电枢平衡未校好	校正
	风叶装错位置或平衡块移动	修复
	转轴变形	修复或更换
	配套联轴器未校正	校正
	安装地基不平或地脚螺栓不紧	平整地基或固定地脚螺栓
运行中声音异常	轴承损坏或缺油	更换或加油润滑
	转轴变形（偏心）摩擦	修复或更换
	电机安装不当	重新安装或修复
绝缘电阻过小，机壳带电	电刷灰和其他灰尘的积累	清理灰尘
	电机绕组受潮	干燥处理
	电机绝缘老化	查找老化部位，进行修复并进行绝缘处理
	引出线碰壳	进行绝缘处理
电机温升过高	长期过载	恢复正常负载
	未按规定运行	按规定运行
	通风不良	增加通风设施

【技能训练】

直流电动机的拆装

（一）工具、仪表及器材

直流电机一台、轴承拉具、活动扳手、铁锤、紫铜棒、木槌、常用电工工具等。

（二）训练内容

拆装直流电动机。

（三）训练步骤

1. 拆卸直流电动机

参考如图 5-5-16 所示的直流电动机拆解图。具体描述如下：

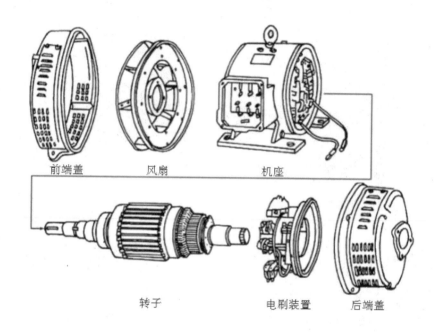

前端盖　　　　　风扇　　　　　　机座

转子　　　　　　电刷装置　　后端盖

图 5-5-16　直流电机的拆解图

（1）拆去接至电机的所有连线。

（2）拆除电机的地脚螺栓。

（3）拆除与电机相连接的传动装置。

（4）拆去轴伸端的联轴器或带轮。

（5）拆去换向器端的轴承外盖。

（6）打开换向器端的视察窗，从刷盒中取出电刷，再拆下刷杆上的连接线。

（7）拆下换向器端的端盖，取出刷架。

（8）用纸板或白布把换向器包好。

（9）小型直流电机，可先把后端盖固定螺栓松掉，用木槌敲击前轴端，有退端盖螺孔的用螺栓拧入螺孔，使端盖止口与机座脱开，把带有端盖的电机转子从定子内小心地抽出。

（10）中型电机，可将后端轴承盖拆下，再卸下后端盖。

（11）将电枢小心抽出，防止损伤绕组和换向器。

279

（12）如发现轴承有异常现象，可把轴承卸下；电机的电枢、定子的零部件如有损坏，则还需继续拆卸。

2. 识别直流电机拆卸部件

完成直流电机的拆卸后，根据表 5-5-4 中的图片写出对应的实物名称及其作用和制作材料。

表 5-5-4　直流电机构成

图片	对应实物名称	作用	材料
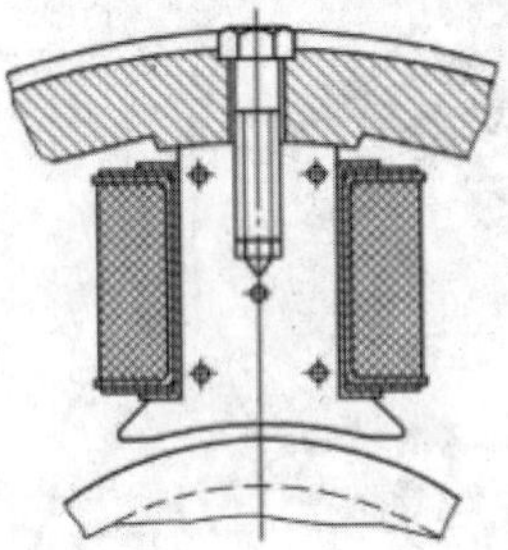			
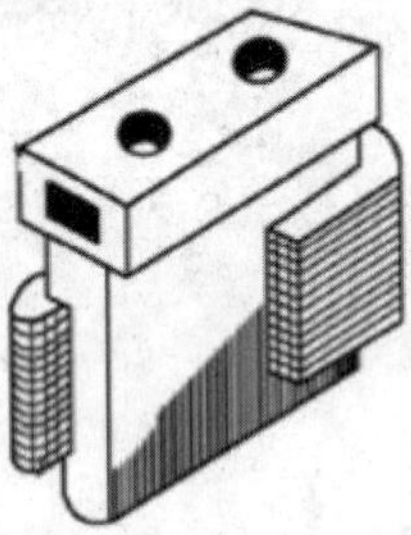			
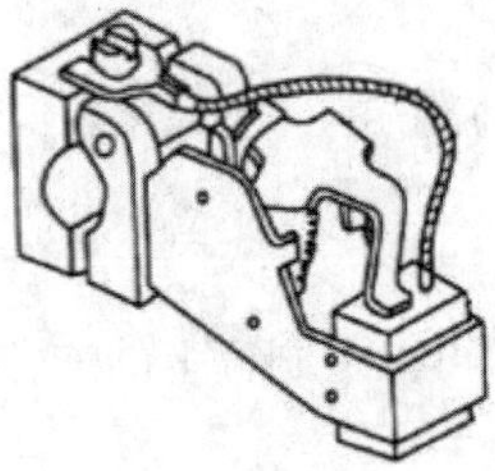			
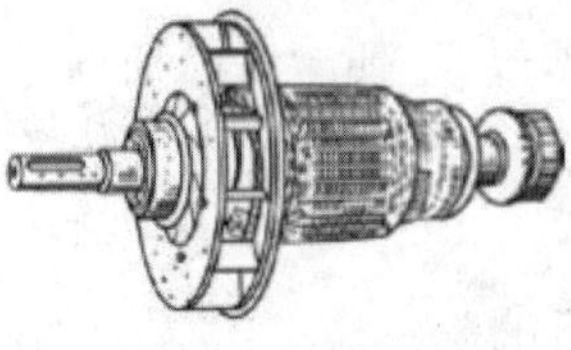			

280

图片	对应实物名称	作用	材料

3. 装配直流电机（参考步骤）

（1）清理零部件。

（2）定子装配。

（3）装轴承内盖及热套轴承。

（4）装刷架于前端盖内。

（5）转子装入定子内。

（6）装端盖及轴承外盖。

（7）气隙的检查与调整。

（8）将电刷放入刷盒内并压好。

（9）研磨电刷并测电刷压力。

（10）装出线盒及接引出线。

（11）装其余零部件。

（12）调整刷架，使电刷在中性线上。

（13）安装固定好电机。

（14）通电负载运行检查。

直流电动机拆装注意事项：

（1）拆下刷架前，要做好标记，便于安装后调整电刷的中性线位置。

（2）抽出电枢时要仔细，不要碰伤换向器及各绕组。

（3）取出电枢必须放在木架或木板上并用布或纸包好。

（4）装配时，拧紧端盖螺栓，必须四周用力均匀，按对角线上下左右逐步拧紧。

（5）必要时，应在拆解前对原有配合位置做一些标记，以利于将来组装时恢复原状。

【任务小结】

本任务中，我们主要学习了直流电动机的类型、结构特点以及运行等知识，通过技能训练，进一步掌握直流电动机的结构特点和装配方法，并掌握直流电动机的常见故障和维修技巧。

【任务评价】

根据你对本任务的学习和表现情况，填写以下评价表。

表 5-5-5　任务评价表

任务名称				
任务时间			组　号	
小组成员				
检查内容				
咨询				
（1）明确任务学习目标			是 □　否 □	
（2）查阅相关学习资料			是 □　否 □	
计划				
（1）分配工作小组			是 □　否 □	
（2）自学安全操作规程			是 □　否 □	
（3）小组讨论安全、环保、成本等因素，制订学习计划			是 □　否 □	
（4）教师是否已对计划进行指导			是 □　否 □	
实施				
准备工作	（1）正确准备工具、仪表和器材		是 □　否 □	
	（2）正确说出直流电动机的结构名称、特点		是 □　否 □	
技能训练	（1）正确拆卸三相异步电动机		是 □　否 □	
	（2）熟练维修直流电动机常见故障			

安全操作与环保	
（1）工装整洁	是 □ 否 □
（2）遵守劳动纪律，注意培养一丝不苟的敬业精神	是 □ 否 □
（3）注意安全用电，做好设备仪表的保养措施	是 □ 否 □
（4）严格遵守本专业操作规程，符合安全文明生产要求	是 □ 否 □
你在本次任务中有什么收获？	
直流电动机拆卸要点是什么？你能否举例说明在本次任务中比你表现好的同学，他（她）有什么值得你学习的地方？	
组长签名：　　　　　　　　日期：	
教师审核：	
教师签名：　　　　　　　　日期：	

【思考与练习】

（1）直流电动机由哪些部分组成？各部分作用是什么？由什么材料制成？

（2）直流电动机为什么不允许直接启动？

（3）直流电动机有哪几种改变转向的方法？一般采用哪一种方法？

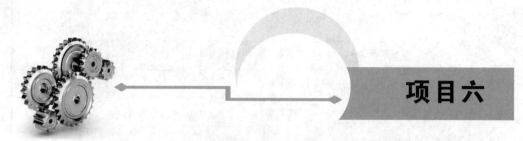

项目六

基础三相电机控制电路

任务一　三相电机点动控制电路安装接线

【任务导入】

游乐场里面有很多玩具车，相信大多数人小时候都非常喜欢玩。游乐场里的玩具车一般是用电动机作为动力源。很多车子都设计有一个脚踏，踩下脚踏，电路通电，车子就启动了。想一想，如果让你来设计一款同样功能的车子，你会怎样设计呢？

【学习目标】

知识目标：

（1）熟悉绘制、识读电路图、布置图和接线图的原则；

（2）熟知手动、点动控制电路的构成、工作原理；

（3）熟悉电动机基本控制电路的一般安装步骤和工艺要求，能正确安装点动正转控制电路。

技能目标：

（1）能正确安装和检修手动、点动正转控制电路；

（2）能根据点动正转控制电路的电路图，选用安装和检修所用的工具、仪表及器材；

（3）能正确编写安装步骤和工艺要求；

（4）能正确安装、调试点动正转控制电路。

素质目标：

（1）培养学生做事认真、仔细，注重细节的习惯；

（2）培养学生爱护公物和实训设备，摆放东西规范有序的习惯；

（3）培养学生符合职业岗位要求的素养和团结协作精神。

【知识链接】

一、手动正转控制电路

正转控制电路只能控制电动机单向启动和停止，并带动生产机械的运动部件朝一个方向旋转或运动。手动正转控制电路是通过低压开关来控制电动机单向启动和停止的，在工厂中常被用来控制三相电风扇和砂轮机等设备。

如图 6-1-1 所示的电动机是用刀开关来直接控制的，使用时，向上扳动刀开关的刀柄，电动机开始转动；使用完后，向下扳动刀开关的刀柄，电动机停止，当线路出现短路故障时，熔断器会熔断，从而断开电路，起到短路保护作用。

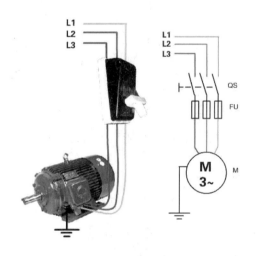

图 6-1-1　用手动刀开关控制的手动正转控制电路

在电气施工过程中，我们通常将各控制装置的控制关系用电气图形符号表示出来，并在它们的旁边标上电器的文字符号，画出电路图来分析它们的作用、线路的构成和工作原理等。图 6-1-1 中 QS 即表示为刀开关，FU 为熔断器，M 为三相交流异步电动机，L1、L2 和 L3 为三相电源。由此电气连接图中很容易看出三相电源先经由刀开关，再到熔断器，最后再流入到三相异步电动机，其中由刀开关来进行控制电路的通或断。

电气原理图用图形和文字符号表示电路中各个电器元件的连接关系和电气工作原理，它并不反映电器元件的实际大小和安装位置。图形符号的布置一般为水平或垂直位置。在电气图中，导线、电缆线、信号通路及元器件、设备的引线均称为连接线。绘制电气图时，连接线一般应采用实线，无线电信号通路采用虚线，并且应尽量减少不必要的连接线，避免线条交叉和弯折。在原理图中两条以上导线的电气连接处，应用小黑圆点表示；无直接电联系的交叉跨越导线则不画小黑圆点，如图6-1-2所示。

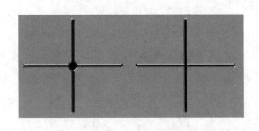

（a）交叉连接　　　（b）交叉跨越

图 6-1-2　连接线的交叉连接与交叉跨越

在分析各种控制电路的工作原理时，常使用电器文字符号和箭头，再配以少量的文字说明，来表达线路的工作原理。根据图6-1-1中的电气原理图，分析工作原理如下：

启动：合上闸刀开关 QS→电动机 M 接通电源启动运转。

停止：断开闸刀开关 QS→电动机 M 脱离电源停止运转。

二、点动正转控制电路

起重机机械中吊钩的精确定位操作过程、机械加工过程中的"对刀"操作过程、自动加工机床"起始点"的定位操作过程等方面都需要电动机点动控制运行。

（一）点动正转控制电路的原理

点动控制是指按下按钮，电动机就得电运转；松开按钮，电动机就失电停转的控制方法。电动机点动控制的电路通常采用如图6-1-3所示的控制电路。

低压断路器 QF 作电源隔离开关；熔断器 FU_1、FU_2 分别作主电路、控制电路的短路保护；启动按钮 SB 控制接触器 KM 的线圈得电与失电，接触器 KM 的主触头控制电动机 M 的启动和停止。

根据电路图，点动正转控制电路的工作原理可叙述为：

先合上电源开关 QF

启动：按下 SB→KM 线圈得电→KM 主触头闭合→电动机 M 启动运转。

停止：松开 SB→KM 线圈失电→KM 主触头断开→电动机 M 断电停转。

停止使用时，断开电源开关 QS。

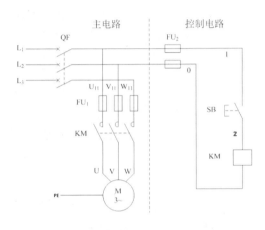

QF：低压断路器；FU1、FU2：熔断器，起到短路保护的作用

SB：启动按钮；KM：主电路部分叫主触头，控制电路部分叫线圈

图 6-1-3　点动正转控制电路

（二）绘制、识读电路图、布置图和接线图的原则

1. 电路图

如图 6-1-3 所示为电气控制电路图，电路图是根据生产机械运动形式对电气控制系统的要求，采用国家统一规定的电气图形符号和文字符号，按照电气设备和电器的工作顺序排列，详细表示电路、设备的全部基本组成和连接关系的一种简图，它不涉及电器元件的结构尺寸、材料选用、安装位置和实际配线方法。

电路图能充分表达电气设备和电器的用途、作用及线路的工作原理，是电气线路安装、调试和维修的理论依据。

绘制、识读电路图应遵循以下原则：

（1）电路图一般分为电源电路、主电路和辅助电路三部分。

电源电路一般画成水平线，三相交流电源相序 L_1、L_2、L_3 自上而下依次画出，若有中线 N 和保护地线 PE，则应依次画在相线之下。

主电路是指受电的动力装置及控制、保护电器的支路等，是电源向负载提供电能的电路，它由主熔断器、接触器的主触头、热继电器的热元件以及电动机等组成。主电路通过的是电动机的工作电流，电流比较大，因此一般在图纸上用粗实线垂直于电源电路绘于电路图的左侧。

辅助电路一般包括控制主电路工作状态的控制电路、显示主电路工作状态的指示电路、提供机床设备局部照明的照明电路等。一般由主令电器的触头、接触器的线圈和辅助触头、继电器的线圈和触头、仪表、指示灯及照明灯等组成。通常，辅助电路通过的电流较小，一般不超过 5A。

辅助电路要跨接在两相电源之间，一般按照控制电路、指示电路和照明电路的顺序，用细实线依次垂直画在主电路的右侧，并且耗能元件（如接触器和继电器的线圈、指示灯、照明灯等）要画在电路图的下方，与下边电源线相连，而电器的触头要画在耗能元件与上边电源线之间。为读图方便，一般应按照从左至右、自上而下的排列来表示操作顺序。

（2）电路图中，电器元件不画实际的外形图，而应采用国家统一规定的电气图形符号表示。同一电器的各元件不按它们的实际位置画在一起，而是按其在线路中所起的作用分别画在不同的电路中，但它们的动作是相互关联的，必须用同一文字符号标注。若同一电路图中，相同的电器较多时，需要在电器元件文字符号后面加注不同的数字以示区别。各电器的触头位置都按电路未通电或电器未受外力作用时的常态位置画出，分析原理时应从触头的常态位置出发。

（3）电路图采用电路编号法，即对电路中的各个接点用字母或数字编号。

主电路在电源开关的出线端按相序依次编号为 U11、V11、W11。然后按从上至下、从左至右的顺序，每经过一个电器元件后，编号要递增，如 U12、V12、W12……单台三相交流电动机（或设备）的三根引出线，按相序依次编号为 U、V、W。对于多台电动机引出线的编号，为了不致引起误解和混淆，可在字母前用不同的数字加以区别，如 1U、1V、1W；2U、2V、2W……

辅助电路编号按"等电位"原则，按从上至下、从左至右的顺序，用数字依次编号，每经过一个电器元件后，编号要依次递增。控制电路编号的起始数字必须是 1，其他辅助电路编号的起始数字依次递增 100，如照明电路编号从 101 开始；指示电路编号从 201 开始等。

2. 布置图

布置图如图 6-1-4 所示。布置图是根据电器元件在控制板上的实际安装位置，采用简化的外形符号（如正方形、矩形、圆形等）绘制的一种简图。它不表达各电器的具体结构、作用、接线情况以及工作原理，主要用于电器元件的布置和安装。

布置图中各电器的文字符号，必须与电路图和接线图的标注相一致。

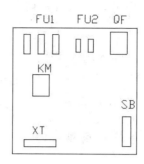

图 6-1-4　点动正转控制布置图

3. 接线图

接线图如图 6-1-5 所示。接线图是根据电气设备和电器元件的实际位置和安装情况绘制的，它只用来表示电气设备和电器元件的位置、配线方式和接线方式，而不明显表示电气动作原理和电气元器件之间的控制关系。它是电气施工的主要图样，主要用于安装接线、线路的检查和故障处理。

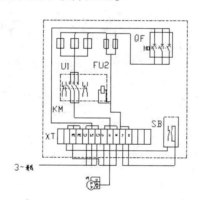

图 6-1-5　点动正转控制接线图

绘制、识读接线图应遵循以下原则：

（1）接线图中一般应标示出如下内容：电气设备和电器元件的相对位置、文字符号、端子号、导线号、导线类型、导线截面积、屏蔽和导线绞合等。

（2）所有的电气设备和电器元件都应按其所在的实际位置绘制在图纸上，且同一电器的各元件应根据其实际结构，使用与电路图相同的图形符号画在一起，并用点画线框上，其文字符号以及接线端子的编号应与电路图中的标注相一致，以便对照检查接线。

（3）接线图中的导线有单根导线、导线组（或线扎）、电缆等之分，可用连续线或中断线表示。凡导线走向相同的可以合并，用线束来表示，到达接线端子板或电器元件的连接点时再分别画出。在用线束表示导线组、电缆时，可用加粗的线条表示，在不引起误解的情况下，也可采用部分加粗。另外，导线及管子的型号、根数和规格应标注清楚。

在实际工作中，电路图、布置图和接线图应结合起来使用。

【技能训练】

手动正转控制电路的安装与检修

（一）工具、仪表及器材

认真识读图 6-1-1 手动正转控制电路图，明确线路的构成和工作原理后，根据电动机的规格选配工具、仪表和器材，并进行质量检验，见表 6-1-1。

表 6-1-1　工具、仪表及器材

工具、仪表及器材						质检要求
工具	测电笔、螺钉旋具、尖嘴钳、斜口钳、剥线钳、电工刀等电工常用工具					（1）根据电动机规格检验选配的工具、仪表、器材等是否满足要求 （2）电器元件外观应完整无损，附件、备件齐全 （3）用万用表、兆欧表检测电路元件及电动机的技术数据是否符合要求
	冲击钻、弯管器、套螺纹扳手等线路安装工具					
仪表	兆欧表、钳形电流表、万用表					
器材	代号	名称	型号	规格	数量	
	M	三相笼形异步电动机			1	
	QS	开启式负荷开关			1	
	QS	封闭式负荷开关			1	
	QS	组合开关			1	
	QF	低压断路器			1	
	FU	瓷插式熔断器			3	
		控制板一块			1	
		动力电路塑铜线				
		接地塑铜线				
		电线管、管夹				
		木螺钉				
		膨胀螺栓				
		紧固体				

（二）训练内容及步骤

安装步骤及工艺要求见表6-1-2。

表6-1-2　安装步骤及工艺要求

序号	安装步骤	工艺要求
1	在控制板上按图6-1-2和图6-1-4所示电路图安装电器元件	电器安装应牢固，并符合工艺要求
2	根据电动机位置画出线路走向、电线管和控制板支持点的位置，做好敷设准备	
3	敷设电线管并穿线	①电线管的施工应按工艺要求进行，整个管路应连成一体，并可靠接地 ②管内导线不得有接头，导线穿管时不要损伤绝缘层，导线穿好后管口应套上护圈
4	安装电动机和控制板	①控制开关必须装在操作时能看见电动机的地方，以保证操作安全 ②电动机在底座上的固定必须牢固。在紧固地脚螺栓时，必须注意使对角线均匀受力，依次交错，逐步拧紧
5	连接控制开关至电动机的导线	
6	连接好接地线	电动机和控制开关的金属外壳以及连成一体的管线，按规定要求必须接到保护接地专用端子上
7	检查安装质量，并进行绝缘电阻测量	
8	将三相电源接入控制开关	
9	经教师检查合格后进行通电试运行	

安装注意事项：

（1）导线的数量应按敷设方式和管路长度来决定，线管的管径应根据导线的总截面来决定，导线的总截面不应大于线管有效截面的40%，其最小标称直径

291

为 12mm。

（2）当控制开关远离电动机而看不到电动机的运转情况时，必须另设开车信号装置。

（3）电动机使用的电源电压和绕组的接法，必须与铭牌上规定的相一致。

（4）接线时，必须先接负载端，后接电源端；先接接地线，后接三相电源相线。

（5）通电试车时，必须先空载点动后再连续运行。若空载运行正常，再接上负载运行；若发现异常情况应立即断电检查。

（6）安装开启式负荷开关时，应将开关的熔体部分用导线直接连接，并在出线端另外加装熔断器作短路保护；安装组合开关和低压断路器时，则在电源进线侧加装熔断器。

（三）常见故障及维修方法

手动正转控制电路常见故障及维修方法见表6-1-3。

表 6-1-3　手动正转控制电路常见故障及维修方法

常见故障	故障原因	维修方法
电动机不能启动或电动机缺相	熔断器熔体熔断	查明原因排除后更换熔体
	组合开关或断路器操作失控	拆装组合开关或断路器并修复
	负荷开关或组合开关动、静触头接触不良	对触头进行修整

（四）评分标准

技能训练考核和评分标准见表6-1-4。

表 6-1-4　评分标准

项目内容	配分	评分标准		扣分
装前检查	20分	①电动机质量漏检	扣10分	
		②低压开关漏检或错检	每处扣5分	

项目内容	配分	评分标准		扣分
安装	40分	①电动机安装不符合要求： 地脚螺栓紧松不一或松动 缺少弹簧垫圈、平垫圈、防震物 ②控制板或开关安装不符合要求： 位置不适当或松动 紧固螺栓（或螺钉）松动 ③电线管支持不牢固或管口无护圈 ④导线穿管时损伤绝缘	扣20分 每个扣5分 扣20分 每个扣5分 扣5分 扣15分	
接线及试运行	30分	①不会使用仪表及测量方法不正确 ②各接点松动或不符合要求 ③接线错误造成通电一次不成功 ④控制开关进、出线接错 ⑤电动机接线错误 ⑥接线程序错误 ⑦漏接接地线	每个仪表扣5分 每个扣5分 扣30分 扣15分 扣20分 扣15分 扣20分	
检修	10分	①查不出故障 ②查出故障但不能排除	扣10分 扣5分	
安全文明生产	违反安全文明生产规程		扣5~40分	
总成绩				

点动正转控制电路的安装与检修

（一）工具、仪表及器材

认真识读图6-1-3点动正转控制电路图，明确线路的构成和工作原理后，根据电动机的规格选配工具、仪表和器材，并进行质量检验，见表6-1-5。

表 6-1-5　工具、仪表及器材

工具、仪表及器材						质检要求
工具	测电笔、螺钉旋具、尖嘴钳、斜口钳、剥线钳、电工刀等电工常用工具					①根据电动机规格检验选配的工具、仪表、器材等是否满足要求②电器元件外观应完整无损，附件、备件齐全③用万用表、兆欧表检测电路元件及电动机的技术数据是否符合要求
仪表	兆欧表、钳形电流表、万用表					
器材	代号	名称	型号	规格	数量	
	M	三相笼形异步电动机			1	
	QF	低压断路器			1	
	FU1	螺旋式熔断器			3	
	FU2	螺旋式熔断器			2	
	KM	交流接触器			1	
	SB	按钮			1	
	XT	端子板			1	
		控制板一块			1	
		主电路塑铜线			若干	
		控制电路塑铜线			若干	
		按钮塑铜线			若干	
		接地塑铜线			若干	
		紧固体和编码套管			若干	

（二）训练步骤及工艺要求

（1）安装元件：按如图 6-1-4 所示布置图在控制板上安装电器元件，并贴上醒目的文字符号。

工艺要求：

1）断路器、熔断器的受电端子应安装在控制板的外侧，并确保熔断器的受电端为底座的中心端。

2）各元件的安装位置应整齐、匀称，间距合理，便于元件的更换。

3）紧固各元件时，用力要均匀，紧固程度适当。在紧固熔断器、接触器等易碎零件时，应该用手按住零件一边轻轻摇动，一边用旋具轮换旋紧对角线上的螺钉，直到手摇不动后，再适当加固旋紧些即可。

（2）布线：按如图 6-1-5 所示接线图的走线方法，进行板前明线布线和套编码套管。

工艺要求:

1) 布线通道要尽可能少, 同路并行导线按主、控电路分类集中, 单层密排紧贴安装面布线。

2) 同一平面的导线应高低一致或前后一致, 不能交叉。非交叉不是不可, 该根导线应在接线端子引出时就水平架空跨越, 且必须走线合理。

3) 布线应横平竖直, 分布均匀。变换走向时应垂直转向。

4) 布线时严禁损伤线芯和导线绝缘。

5) 布线顺序一般以接触器为中心, 由里向外, 由低至高, 先控制电路, 后主电路的顺序进行, 以不妨碍后续布线为原则。

6) 在每根剥去绝缘层导线的两端套上编码套管。所有从一个接线端子(或接线桩) 到另一个接线端子(或接线桩) 的导线必须连续, 中间无接头。

7) 导线与接线端子或接线桩连接时不得压绝缘层、不反圈及不露铜过长。

8) 同一元件、同一回路的不同接点的导线间距离应保持一致。

9) 一个电器元件接线端子上的连接导线不得多于两根, 每节接线端子板上的连接导线一般只允许连接一根。

(3) 检查布线。

(4) 安装电动机。

(5) 连线先连接电动机和按钮金属外壳的保护接地线, 然后连接电源、电动机等控制板外部的导线。

(6) 自检。

工艺要求:

1) 按电路图或接线图从电源端开始, 逐段核对接线及接线端子处线号是否正确, 有无漏接、错接之处。检查导线接点是否符合要求, 压接是否牢固。同时注意接点接触应良好, 以避免带负载运转时产生闪弧现象。

2) 用万用表检查线路的通断情况。检查时, 应选用倍率适当的电阻挡, 并进行校零, 以防发生短路故障。对控制电路的检查(断开主电路), 可将表棒分别搭在 U11、V11 线端上, 读数应为 "∞"。按下 SB 时, 读数应为接触器线圈的直流电阻值。然后断开控制电路, 再检查主电路有无开路或短路现象, 此时, 可用手动来代替接触器通电进行检查。

3) 用兆欧表检查线路的绝缘电阻的阻值应不得小于 $1M\Omega$。

（7）交验。

（8）通电试车。

工艺要求：

1）为保证人身安全，在通电试车时，要认真执行安全操作规程的有关规定，一人监护，一人操作。试车前，应检查与通电试车有关的电气设备是否有不安全的因素存在，若查出应立即整改，然后方能试车。

2）通电试车前，必须征得教师的同意，并由指导教师接通三相电源 L_1、L_2、L_3，同时在现场监护。学生合上电源开关 QF 后，用测电笔检查熔断器出线端，氖管亮说明电源接通。按下 SB，观察接触器情况是否正常，是否符合线路功能要求，电器元件的动作是否灵活，有无卡阻及噪声过大等现象，电动机运行情况是否正常等。但不得对线路接线是否正确进行带电检查。观察过程中，若发现有异常现象，应立即停车。当电动机运转平稳后，用钳形电流表测量三相电流是否平衡。

3）试车成功率以通电后第一次按下按钮时计算。

4）出现故障后，学生应独立进行检修。若需带电检查时，教师必须在现场监护。检修完毕后，如需要再次试车，教师也应该在现场监护，并做好时间记录。

5）通电试车完毕，停转，切断电源。先拆除三相电源线，再拆除电动机线。

安装注意事项：

（1）电动机及按钮的金属外壳必须可靠接地。按钮内接线时，用力不可过猛，以防螺钉打滑。接至电动机的导线，必须穿在导线通道内加以保护，或采用坚韧的四芯橡皮线或塑料护套线进行临时通电校验。

（2）电源进线应接在螺旋式熔断器的下接线座上，出线应接在上接线座上。

（3）安装完毕的控制电路板，必须经过认真检查后，才允许通电试车，以防止错接、漏接，造成不能正常运转或短路事故。

（4）训练应在规定的定额时间内完成。训练结束后，安装的控制板留用。

（三）评分标准

技能训练考核评分标准见表6-1-6。

表 6-1-6 评分标准

项目内容	配分	评分标准		扣分
装前检查	5分	电器元件漏检或错检	每处扣1分	
安装元件	15分	①不按布置图安装	扣15分	
		②元件安装不牢固	每只扣4分	
		③元件安装不整齐、不匀称、不合理	每只扣3分	
		④损坏元件	扣15分	
布线	40分	①不按电路图接线	扣20分	
		②布线不符合要求	每根扣3分	
		③接点松动、露铜过长、反圈等	每个扣1分	
		④损伤导线绝缘层或线芯	每根扣5分	
		⑤编码套管套装不正确	每处扣1分	
		⑥漏接接地线	扣10分	
通电试车	40分	①熔体规格选用不当	扣10分	
		②第一次试车不成功	扣20分	
		③第二次试车不成功	扣30分	
		④第三次试车不成功	扣40分	
安全文明生产		违反安全文明生产规程	扣5~40分	
总成绩				

【任务小结】

本任务中，我们了解了手动正转控制、点动正转控制等单向正转基本线路的控制原理，在训练中，掌握了基本安装与检测工具的使用、线路的安装步骤及线路检测的方法。

【任务评价】

根据你对本任务的学习和表现情况，填写以下评价表。

表 6-1-7 任务评价表

任务名称				
任务时间			组 号	
小组成员				
检查内容				

咨询

（1）明确任务学习目标		是 □ 否 □
（2）查阅相关学习资料		是 □ 否 □

计划

（1）分配工作小组		是 □ 否 □
（2）自学安全操作规程		是 □ 否 □
（3）小组讨论安全、环保、成本等因素，制订学习计划		是 □ 否 □
（4）教师是否已对计划进行指导		是 □ 否 □

实施

准备工作	（1）正确准备工具、仪表和器材	是 □ 否 □
	（2）正确识读控制电路图	是 □ 否 □
技能训练	（1）正确安装检修手动正转控制电路	是 □ 否 □
	（2）正确安装检修点动正转控制电路	是 □ 否 □

安全操作与环保

（1）工装整洁		是 □ 否 □
（2）遵守劳动纪律，注意培养一丝不苟的敬业精神		是 □ 否 □
（3）注意安全用电，做好电气设备的保养措施		是 □ 否 □
（4）严格遵守本专业操作规程，符合安全文明生产要求		是 □ 否 □

你在本次任务中有什么收获？

两个控制电路的共同点是什么？不同点又是什么？你掌握三相异步电动机的正转控制电路了吗？

组长签名：　　　　　　　日期：

教师审核：

教师签名：　　　　　　　日期：

【思考与练习】

（1）手动正转控制电路有什么优点和缺点？能否选用某种低压自动切换电器代替低压开关来实现线路的自动控制？

（2）点动控制电路中，低压断路器、熔断器、启动按钮、接触器的主触头各起什么作用？

任务二　三相电机长动控制电路安装接线

【任务导入】

小明的大伯家在农村，最近新买了一台农用水泵来灌溉农田（见图6-2-1），大伯想让小明给讲讲水泵的工作原理，以备不时之需。你能帮小明来分析该水泵的电路原理吗？

图6-2-1　水泵

【学习目标】

知识目标：

（1）熟悉绘制、识读电路图、布置图和接线图的原则；

（2）掌握三相电机长动控制电路的构成、工作原理；

（3）熟悉电动机基本控制电路的一般安装步骤和工艺要求，能正确安装电动机三相电机长动控制电路。

技能目标：

（1）能正确使用万用表检测热继电器、接触器等低压电器和三相异步电机的好坏；

（2）能根据三相电机长动控制电路的电路图，选用安装和检修所用的工具、仪表及器材；

（3）能正确安装、调试三相电机长动控制电路；

（4）能对电路所出现的故障进行简单分析并排除。

素质目标：

（1）培养学生做事认真、仔细，注重细节的习惯；

（2）培养学生爱护公物和实训设备，摆放东西规范有序的习惯；

（3）培养学生符合职业岗位要求的素养和团结协作精神。

【知识链接】

对于大多数需要连续工作的生产机械来说，点动控制电路已无法满足生产需求，因为操作人员的手始终不能离开点动按钮，否则，电动机立即断电停转。为克服这种现象，我们采用了另一种具有自锁环节的控制电路，即电动机长动控制电路，线路图如图 6-2-2 所示。

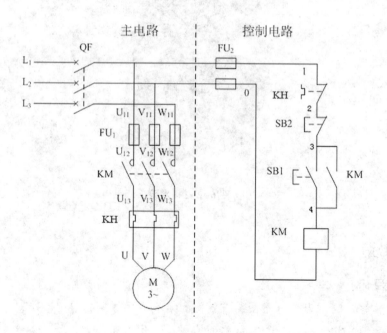

图 6-2-2　三相电机长动控制电路图

一、三相电机长动控制电路的原理

线路工作原理如下：先合上电源开关 QF。

启动：　按下SB1 →KM线圈得电 ┬→ KM触头闭合 ┐→电动机M启动
　　　　　　　　　　　　　　└→ KM辅助常开触头闭合 ┘连续运转

停止：　按下SB2 →KM线圈失电 ┬→ KM触头分断 ┐→电动机M
　　　　　　　　　　　　　　└→ KM辅助常开触头闭合 ┘失电停转

由上分析可见，当松开启动按钮 SB1 后，SB1 的常开触头虽然恢复分断，但接触器 KM 的辅助常开触头闭合时已将 SB1 短接，使控制电路仍保持接通，接触器 KM1 继续得电，电动机 M 实现了连续运转。

当启动按钮松开后，接触器通过自身的辅助常开触头使其线圈保持得电的作用叫作自锁。与启动按钮并联起自锁作用的辅助常开触头叫作自锁触头。

二、电路的保护功能

三相电机长动控制电路不但能使电动机连续运转，而且还具有短路保护、欠压保护、失压（或零压）保护和过载保护。

1. 短路保护

当线路中发生短路故障时，由于短路电流很大，使导线迅速发热，由于熔断器中熔丝的熔点比导线的熔点要低很多，所以使电路中的熔断器先熔断，从而断开电路，保证了用电器和人身安全。线路中 FU_1 是对主电路部分起短路保护，FU_2 是对控制电路部分起短路保护。

2. 欠压保护

欠压是线路低于电动机应加的额定电压。欠压保护是指当线路电压下降到某一数值时，电动机能自动脱离电源停转，避免电动机在欠压下运行的一种保护。在三相电机长动控制电路中，交流接触器具有欠压保护功能，即当线路的电压下降到某一数值时，使接触器的衔铁不足以吸合，从而使接触器的自锁触头断开，使得接触器的线圈断电，最终使电动机断电。

3. 失压（或零压）保护

失压保护是指电动机在正常运行中，由于外界某种原因引起突然断电时，能自动切断电动机电源；当重新供电时，保证电动机不能自行启动的一种保护。线路中，接触器具有失压保护功能。

4. 过载保护

过载保护是指当电动机出现过载时，能自动切断电动机的电源，使电动机停转的一种保护。电动机控制电路中，最常用的过载保护电器是热继电器，它的热元件串联在三相主电路中，常闭触头串接在控制电路中。

【技能训练】

三相电机长动控制电路的安装与检修

（一）工具、仪表及器材

认真识读图6-2-2三相电机长动控制电路图，明确线路的构成和工作原理后，根据电动机的规格选配工具、仪表和器材，并进行质量检验，见表6-2-1。

表6-2-1　工具、仪表和器材

工具、仪表及器材					
工具	测电笔、螺钉旋具、尖嘴钳、斜口钳、剥线钳、电工刀等电工常用工具				
仪表	ZC25-3型兆欧表、MG3-1型钳形电流表、MF47型万用表				
器材	代号	名称	型号	规格	数量
	M	三相笼形异步电动机	Y112M-4	4kW、380V、△接法、8.8A、1440r/min	1
	KH	热继电器	JR36-20	三极、20A、热元件11A、整定电流8.8A	1
		点动正转控制板			1
		主电路塑铜线		BV1.5mm² 和 BVR1.5mm²（黑色）	若干
		控制电路塑铜线		BV1mm²（红色）	若干
		按钮塑铜线		BVR0.75mm²（红色）	若干
		接地塑铜线		BVR1.5mm²（黄绿双色）	若干
		紧固体和编码套管			

（二）训练内容及步骤

参照任务一的技能训练中的工艺要求，根据图6-2-2所示的三相电机长动控制电路，在已安装好的点动正转控制电路板上，安装停止按钮SB2、接触器KM自锁触头和热继电器KH，完成三相电机长动控制电路的安装，如图6-2-3所示。

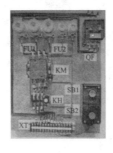

(a) 安装　　　　　　　(b) 布线　　　　　　　(c) 连接

图 6-2-3　三相电机长动控制电路板

安装注意事项：

（1）接触器 KM 的自锁触头应并接在启动按钮 SB1 两端，停止按钮 SB2 应串接在控制电路中；热继电器 KH 的热元件应串接在主电路中，它的常闭触头应串接在控制电路中。

（2）电源进线应接在螺旋式熔断器的下接线座上，出线则应接在上接线座上。

（3）按钮内接线时，用力不可过猛，以防螺钉打滑。

（4）电动机及按钮的金属外壳必须可靠接地。接至电动机的导线，必须穿在导线通道内加以保护，或采用坚韧的四芯橡皮线或塑料护套线进行临时通电校验。

（5）热继电器的整定电流应按电动机的额定电流自行调整，绝对不允许弯折双金属片。

（6）热继电器因电动机过载动作后，若需再次启动电动机，必须待热元件冷却并且热继电器复位后才可进行。

（7）编码套管套装要正确。

（8）启动电动机时，在按下启动按钮 SB1 的同时，手还必须按在停止按钮 SB2 上，以保证万一出现故障时，可立即按下 SB2 停车，防止事故的扩大。

（三）常见故障及维修方法

三相电机长动控制电路常见故障及维修方法见表 6-2-2。

表 6-2-2　三相电机长动控制电路常见故障及维修方法

常见故障	故障原因	维修方法
合上电源后，熔体熔断或断路器跳闸	接触器线圈和停止按钮被同时短接	检查接触器与停止按钮的接线
	主电路可能短路（电源开关到接触器主触点处）	检查主电路接线

常见故障	故障原因	维修方法
合上电源后，电动机马上运转	启动按钮被短接或常闭触点错接常开触点	检查启动按钮接线
合上电源后，按下启动按钮，熔体熔断或断路器跳闸	接触器线圈被短接	检查接触器接线
	主电路有可能短路（接触器主触点以下部分）	检查主电路接线
合上电源后，按下启动按钮，接触器不动作，电动不运转	电源开关接触不良或损坏	检查电源开关或更换电源开关
	启动按钮不能闭合	检查启动按钮或更换启动按钮
	热继电器辅助常开触点断开或错解成常闭触点	检查热继电器接线
	接触器线圈未接上或线圈坏	检查接触器接线
合上电源后，按下启动按钮，电动只能点动运转	接触器自锁触点未接好或接触器自锁触点损坏	检查接触器接线及接触器质量
按下停止按钮，接触器不释放	停止按钮触头焊住或卡住	检查停止按钮
	接触器已断电，但可动部分被卡住	检查接触器主触头
	接触器铁芯接触面上有油污，上下粘住	检查接触器主触头
	接触器主触头烧焊住	检查接触器主触头
接触器吸合后响声较大	电源电压过低	检查电源电压
	接触器铁芯接触面有异物，使铁芯接触不严密	检查接触器质量
	接触器铁芯的短路环断裂环	检查接触器质量
控制电路正常，电动机不能启动并有嗡嗡声	电源缺相	用钳形电流表测量电动机三相电流是否平衡
	电动机定子绕组断线或绕组匝间短路	断开电源，可用万用表电阻挡测量绕组是否断路
	定子、转子气隙中灰尘、油泥过多，将转子抱住	检查电动机
	接触器主触头接触不良，使电动机单相运行	检查接触器主触头
电动机加负载后转速明显下降	电动机运行中电路缺一相或转子笼条断裂	检查电动机运行中电路是否缺一相点，可用钳形电流表测量电动机三相电流是否平衡

（四）评分标准

技能训练考核评分标准见表6-2-3。

表6-2-3 评分标准

项目内容	配分	评分标准		扣分
装前检查	5分	电器元件漏检或错检	每处扣1分	
安装元件	15分	①不按布置图安装	扣15分	
		②元件安装不牢固	每只扣4分	
		③元件安装不整齐、不匀称、不合理	每只扣3分	
		④损坏元件	扣15分	
布线	40分	①不按电路图接线	扣25分	
		② 布线不符合要求	每根扣3分	
		③接点松动、露铜过长、反圈等	每个扣1分	
		④损伤导线绝缘层或线芯	每根扣5分	
		⑤编码套管套装不正确	每处扣1分	
		⑥漏接接地线	扣10分	
通电试车	40分	①热继电器未整定或整定错误	扣15分	
		②熔体规格选用不当	扣10分	
		③第一次试车不成功	扣20分	
		第二次试车不成功	扣30分	
		第三次试车不成功	扣40分	
安全文明生产		违反安全文明生产规程	扣5~40分	
总成绩				

【任务小结】

本任务中，我们学习了三相电机长动控制电路工作原理，掌握了电机控制电路的安装工艺、线路的检测方法。

【任务评价】

根据你对本任务的学习和表现情况，填写以下评价表。

表 6-2-4 任务评价表

任务名称			
任务时间		组 号	
小组成员			
检查内容			

咨询

(1) 明确任务学习目标	是 □ 否 □
(2) 查阅相关学习资料	是 □ 否 □

计划

(1) 分配工作小组	是 □ 否 □
(2) 自学安全操作规程	是 □ 否 □
(3) 小组讨论安全、环保、成本等因素，制订学习计划	是 □ 否 □
(4) 教师是否已对计划进行指导	是 □ 否 □

实施

准备工作	(1) 正确准备工具、仪表和器材	是 □ 否 □
	(2) 正确识读控制电路图	是 □ 否 □
技能训练	(1) 正确安装三相电机长动控制电路	是 □ 否 □
	(2) 正确调试检修三相电机长动控制电路	是 □ 否 □

安全操作与环保

(1) 工装整洁	是 □ 否 □
(2) 遵守劳动纪律，注意培养一丝不苟的敬业精神	是 □ 否 □
(3) 注意安全用电，做好电气设备的保养措施	是 □ 否 □
(4) 严格遵守本专业操作规程，符合安全文明生产要求	是 □ 否 □

你在本次任务中有什么收获?

续表

图示 6-2-2 三相电机长动控制电路中都有哪些保护？各由什么电器来实现？
组长签名：　　　　　　　　日期：
教师审核：
教师签名：　　　　　　　　日期：

【思考与练习】

（1）在如图 6-2-2 所示的三相电机长动控制电路中，当电源电压降低到某一值时，发现电动机会自动停转，其原理是什么？若突然断电，恢复供电时电动机能否自行启动运转呢？

（2）熔断器和热继电器都是保护电器，两者能否相互代替使用？为什么？

任务三　三相电机正反转控制电路安装接线

【任务导入】

在学习了前一个任务——电动机的正转控制电路后，班上的小唐有了一个想法，他打算利用电动机正转控制电路设计一个抓娃娃机。大家替他出谋划策一下，小唐设计的抓娃娃机会受到欢迎吗？还需要完善哪些功能呢？

有的同学发现，小唐设计的抓娃娃机爪子只能往一个方向移动，控制起来极不方便，很容易错过娃娃位置。那是因为正转控制电路只能使电动机朝一个方向旋转，带动生产机械的运动部件朝一个方向运动。要满足生产机械运动部件能向正反两个方向运动，就要求电动机能实现正反转控制。本次任务我们将一起学习电动机的正反转控制电路。

图 6-3-1 抓娃娃机

【学习目标】

知识目标：

（1）掌握电动机实现正反转的方法；

（2）掌握正反转控制电路的工作原理；

（3）掌握互锁的概念。

技能目标：

（1）能正确使用万用表检测热继电器、接触器等低压电器和三相异步电机的好坏；

（2）能根据三相电机正反转控制电路图，选用安装和检修所用的工具、仪表及器材；

（3）能正确安装与检修倒顺开关正反转控制电路；

（4）能正确安装与检修接触器联锁正反转控制电路。

素质目标：

（1）培养学生做事认真、仔细，注重细节的习惯；

（2）培养学生爱护公物和实训设备，摆放东西规范有序的习惯；

（3）培养学生符合职业岗位要求的素养和团结协作精神。

【知识链接】

正转控制电路只能使电动机朝一个方向旋转，带动生产机械的运动部件朝一个方向运动。要满足生产机械运动部件能向正反两个方向运动，就要求电动机能实现正反转控制。

当改变通入电动机定子绕组的三相电源相序，即把接入电动机三相电源进线中的任意两相对调接线时，电动机就可以反转。下面介绍几种常用的正反转控制电路。

一、倒顺开关正反转控制电路

倒顺开关又叫可逆转换开关，利用改变电源相序来实现电动机手动正反转控制。如图 6-3-2 所示为倒顺开关正反转控制电路。万能铣床主轴电动机的正反转控制就是采用倒顺开关来实现的。

 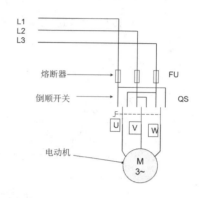

（a）倒顺开关　　　　　　（b）倒顺开关正反转控制电路图

图 6-3-2　倒顺开关正反转控制电路

线路工作原理如下：

操作倒顺开关 QS，当手柄处于"停"位置时，QS 的动、静触头不接触，电路不通，电动机不转；当手柄扳至"顺"的位置时，QS 的动触头和左边的静触头相接触，电路按 L1-U、L2-V、L3-W 接通，输入电动机定子绕组的电源电压相序为 L1-L2-L3，电动机正转；当手柄扳至"倒"的位置时，QS 的动触头和右边的静触头相接触，电路按 L1-W、L2-V、L3-U 接通，输入电动机定子绕组的电源电压相序为 L3-L2-L1，电动机反正转。

注意：

当电动机处于正转状态时，要使它反转，应先把手柄扳到"停"的位置，使电动机先停转，然后再把手柄扳到"倒"的位置，使它反转。若直接把手柄由"顺"扳至"倒"的位置，电动机的定子绕组会因为电源突然反接而产生很大的反接电流，容易使电动机定子绕组因过热而烧毁。

二、接触器联锁正反转控制电路

倒顺开关正反转控制电路虽然使用电器少，线路简单，但它是一种手动控制线路，在频繁换向时，操作人员劳动强度大，操作安全性差，所以这种线路一般用于控制额定电流 10A、功率在 3KW 及以下的小容量电动机。在实际生产中，更常用的是按钮、接触器来控制电动机的正反转。

如图 6-3-3 所示为接触器联锁正反转控制电路。电路中采取了两个接触器，从主电路中可以看出，这两个接触器的主触头所接通的电源相序不同，KM1 按 L1-L2-L3 相序接线，KM2 则按 L3-L2-L1 相序接线。相应地控制电路有两条：一条是由按钮 SB1 和接触器 KM1 线圈等组成的正转控制电路；另一条是由按钮 SB2 和接触器 KM2 线圈等组成的反转控制电路。即用 SB1 控制 KM1 实现正转，用 SB2 控制 KM2 实现反转。

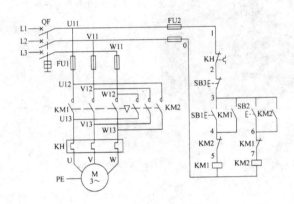

图 6-3-3　接触器联锁正反转控制电路

接触器联锁正反转控制电路的工作原理如下：先合上电源开关 QF。

正转控制：

正转停止：

反转控制：

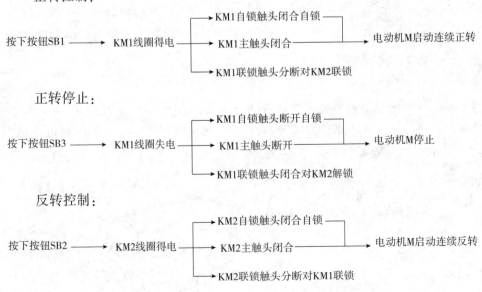

310

反转停止：

注意：

接触器 KM1 和 KM2 的主触头绝对不允许同时闭合，否则会造成两相电源（L1 相和 L3 相）短路事故。为了避免两个接触器 KM1 和 KM2 同时得电动作，在正反转控制电路中分别串接了对方接触器的一对辅助常闭触头。

当一个接触器得电动作时，通过其辅助常闭触头使另一个接触器不能得电动作，接触器之间这种相互制约的作用叫作接触器联锁（或互锁）。实现联锁作用的辅助常闭触头称为联锁触头（或互锁触头），联锁用符号"▽"表示。

接触器联锁正反转控制线路中，电动机从正转变为反转时，必须先按下停止按钮后才能按反转启动按钮，否则由于接触器的联锁作用，不能实现反转。因此线路工作安全可靠，但操作不便。

【技能训练】

三相电机正反转控制电路的安装与检修

（一）工具、仪表及器材

根据三相笼形异步电动机的技术数据及图 6-3-2 和图 6-3-3 所示的正反转控制电路图，选用工具、仪表及器材，分别填入表 6-3-1 和表 6-3-2 中。

表 6-3-1　工具及仪表

电工常用工具	
线路安装工具	
仪表	

表 6-3-2　器材明细表

代号	名称	型号	规　　格	数量
M	三相笼形异步电动机	112M-4	4kW、380V、8.8A、△接法、1440r/min	1
QF	低压断路器			

代号	名称	型号	规 格	数量
FU	熔断器			
FU1	熔断器			
FU2	熔断器			
KM1、KM2	交流接触器			
KH	热继电器			
SB1~SB3	按钮			
XT	端子板			
	主电路导线			
	控制电路导线			
	按钮线			
	接地线			
	电动机引线			
	控制板			
	紧固体及编码套管			

（二）训练步骤

1. 安装与检修倒顺开关正反转控制电路

参照本项目任务一中的技能训练自编安装步骤，并熟悉其工艺要求，经指导教师审查合格后，开始安装训练。

安装注意事项：

（1）电动机和倒顺开关的金属外壳等必须可靠接地，且必须将接地线接到倒顺开关指定的接地螺钉上，切忌接在开关的罩壳上。

（2）倒顺开关的进出线接线切忌接错。接线时，应看清开关线端标记，保证标记为 L1、L2、L3 接电源，标记为 U、V、W 接电动机。否则会造成两相电源短路。

（3）倒顺开关的操作顺序要正确。

（4）若作为临时性装置安装时，如将倒顺开关安装在墙上（属于半移动形式）时，接到电动机的引线可采用 BVR1.5mm^2（黑色）塑铜线或 YHZ4×1.5mm^2 橡皮电缆线，并采用金属软管保护；若将开关与电动机一起安装在同一金属结构件或支架上（属于移动形式）时，开关的电源进线必须采用四角插头和插座连接，并在插座前装熔断器或再加装隔离开关。可移动的引线必须完整无损，不得有接头，引线的长度一般不超过 2m。

倒顺开关正反转控制电路常见故障及维修方法见表 6-3-3。

表 6-3-3　倒顺开关正反转控制电路常见故障及维修方法

常见故障	故障原因	维修方法
（1）电动机不启动 （2）电动机缺相	熔断器熔体熔断	查明原因，排除故障后更换熔体
	倒顺开关操作失控	修复或更换倒顺开关
	倒顺开关动、静触头接触不良	对触头进行修整

2. 安装接触器联锁正反转控制线路

参照本项目任务一中的技能训练自编安装步骤，并熟悉安装工艺要求。经教师审查同意后，根据图 6-3-4 的接线图完成接触器联锁正反转控制线路的安装。

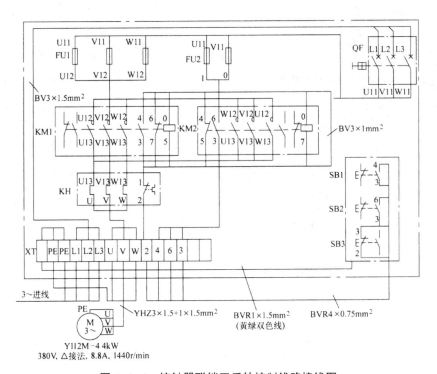

图 6-3-4　接触器联锁正反转控制线路接线图

安装注意事项：

（1）接触器联锁触头接线必须正确，否则将会造成主电路中两相电源短路事故。

（2）通电试车时，应先合上 QF，再按下 SB1（或 SB2）及 SB3，看控制是否正常，并在按下 SB1 后再按下 SB2，观察有无联锁作用。

（3）训练应在规定的定额时间内完成，同时要做到安全操作和文明生产。训练结束后，安装的控制板留用。

3. 检修接触器联锁正反转控制线路

（1）故障设置。在控制电路或主电路中人为设置电气自然故障两处。

（2）教师示范检修。教师进行示范检修时，可把下述检修步骤及要求贯穿其中，直至故障排除。

1）用试验法来观察故障现象。主要注意观察电动机的运行情况、接触器的动作情况和线路的工作情况等，如发现有异常情况，应马上断电检查。

2）用逻辑分析法缩小故障范围，并在电路图上用虚线标出故障部位的最小范围。

3）用测量法准确、迅速地找出故障点。

4）根据故障点的不同情况，采取正确的修复方法，迅速排除故障。

5）排除故障后通电试车。

（3）学生检修。教师示范检修后，再由指导教师重新设置两个故障点，让学生进行检修。在学生检修的过程中，教师可进行启发性地指导。

检修注意事项：

（1）要认真听取和仔细观察指导教师在示范过程中的讲解和检修操作。

（2）要熟练掌握电路图中各个环节的作用。

（3）在排除故障的过程中，分析思路和排除方法要正确。

（4）工具和仪表使用要正确。

（5）不能随意更改线路和带电触摸电器元件。

（6）带电检修故障时，必须有教师在现场监护，并要确保用电安全。

（7）检修必须在规定的时间内完成。

（三）评分标准

技能训练考核评分标准见表 6-3-4。

表 6-3-4　评分标准

项目内容	配分	评分标准		扣分
选用工具、仪表及器材	15 分	①工具、仪表少选或错选	每个扣 2 分	
		②电器元件选错型号和规格	每个扣 4 分	
		③选错元件数量或型号规格没有写全	每个扣 2 分	

314

项目内容	配分	评分标准		扣分
装前检查	5分	电器元件漏检或错检		每处扣1分
安装布线	30分	①电动机安装不符合要求	扣15分	
		②控制板安装不符合要求		
		电器布置不合理	扣5分	
		元件安装不牢固	每只扣4分	
		元件安装不整齐、不匀称、不合理	每只扣3分	
		损坏元件	扣15分	
		不按电路图接线	扣15分	
		布线不符合要求	每根扣3分	
		接点松动、露铜过长、反圈等	每个扣1分	
		损伤导线绝缘层或线芯	每根扣5分	
		漏装或套错编码套管	每个扣1分	
		漏接接地线	扣10分	
故障分析	10分	①故障分析、排除故障思路不正确	每个扣5~10分	
		②标错电路故障范围	每个扣5分	
排除故障	20分	①停电不验电	扣5分	
		②工具及仪表使用不当	扣5分	
		③排除故障的顺序不对	扣5分	
		④不能查出故障点	每个扣10分	
		⑤查出故障点，但不能排除	每个扣5分	
		⑥产生新的故障：		
		不能排除	每个扣10分	
		已经排除	每个扣5分	
		⑦损坏电动机	扣20分	
		⑧损坏电器元件或排除故障方法不正确	每次扣5~20分	
通电试车	20分	①热继电器未整定或整定错误	扣10分	
		②熔体规格选用不当	扣5分	
		③第一次试车不成功	扣10分	
		第二次试车不成功	扣15分	
		第三次试车不成功	扣20分	
安全文明生产		违反安全文明生产规程	扣10~70分	
总成绩				

【任务小结】

本任务中，我们学习了三相电机实现正反转的方法，掌握了接触器联锁及双重联锁正反转控制的原理，通过任务实训，掌握了正反转电路安装的基本步骤、工艺要求及检修方法、步骤。

【任务评价】

根据你对本任务的学习和表现情况，填写以下评价表。

表 6-3-5　任务评价表

任务名称			
任务时间		组　号	
小组成员			
检查内容			
咨询			
（1）明确任务学习目标			是 □ 否 □
（2）查阅相关学习资料			是 □ 否 □
计划			
（1）分配工作小组			是 □ 否 □
（2）自学安全操作规程			是 □ 否 □
（3）小组讨论安全、环保、成本等因素，制订学习计划			是 □ 否 □
（4）教师是否已对计划进行指导			是 □ 否 □
实施			
准备工作	（1）正确准备工具、仪表和器材		是 □ 否 □
	（2）正确识读控制线路图		是 □ 否 □
技能训练	正确安装检修正反转控制线路		是 □ 否 □
安全操作与环保			
（1）工装整洁			是 □ 否 □
（2）遵守劳动纪律，注意培养一丝不苟的敬业精神			是 □ 否 □
（3）注意安全用电，做好设备仪表的保养措施			是 □ 否 □
（4）严格遵守本专业操作规程，符合安全文明生产要求			是 □ 否 □

续表

你在本次任务中有什么收获？
正反转控制线路的要点是什么？你能否举例说明在本次任务中比你表现好的同学，他（她）有什么值得你学习的地方？
组长签名：　　　　　　　　　　日期：
教师审核：
教师签名：　　　　　　　　　　日期：

【思考与练习】

（1）如何使电动机改变转向？

（2）用倒顺开关控制电动机正反转时，为什么不允许把手柄从"顺"的位置直接扳到"倒"的位置？

（3）什么叫联锁控制？在电动机正反转控制电路中为什么必须有联锁控制？